目　录

项目一　机械制图的基本知识 1
项目二　正投影基础 9
项目三　轴测图 24
项目四　立体的表面交线 28
项目五　组合体 35
项目六　尺寸注法 52
项目七　机件的表达方法 57
项目八　标准件与常用件 73
项目九　零件图 82
项目十　装配图 96

项目一 机械制图的基本知识

1-1 字体综合练习。 班级　　　　姓名

制图设计描图审核质量共第章序号或标准名称数量材料

比例备注其余热处理技术要求轴承齿轮零件硬度均布肋板螺纹栓母钉柱倒角退刀槽

0123456789φRM　0123456789φRM　0123456789φRM　0123456789φRM

1-2 字体综合练习。　　班级　　姓名

钻铰孔淬火渗碳镀涂油漆模数机械加工锪平退火灰铸铁

公差极限与配合形位倒角退刀槽淬火调质正火渗碳发蓝黑时效处理拆去件装配零件

abcdefghijklmnopqrstuvwxyz

ABCDEFGHIJKLMNOPQRSTUVWXYZ

αβγδμ□↓⊔∨∩

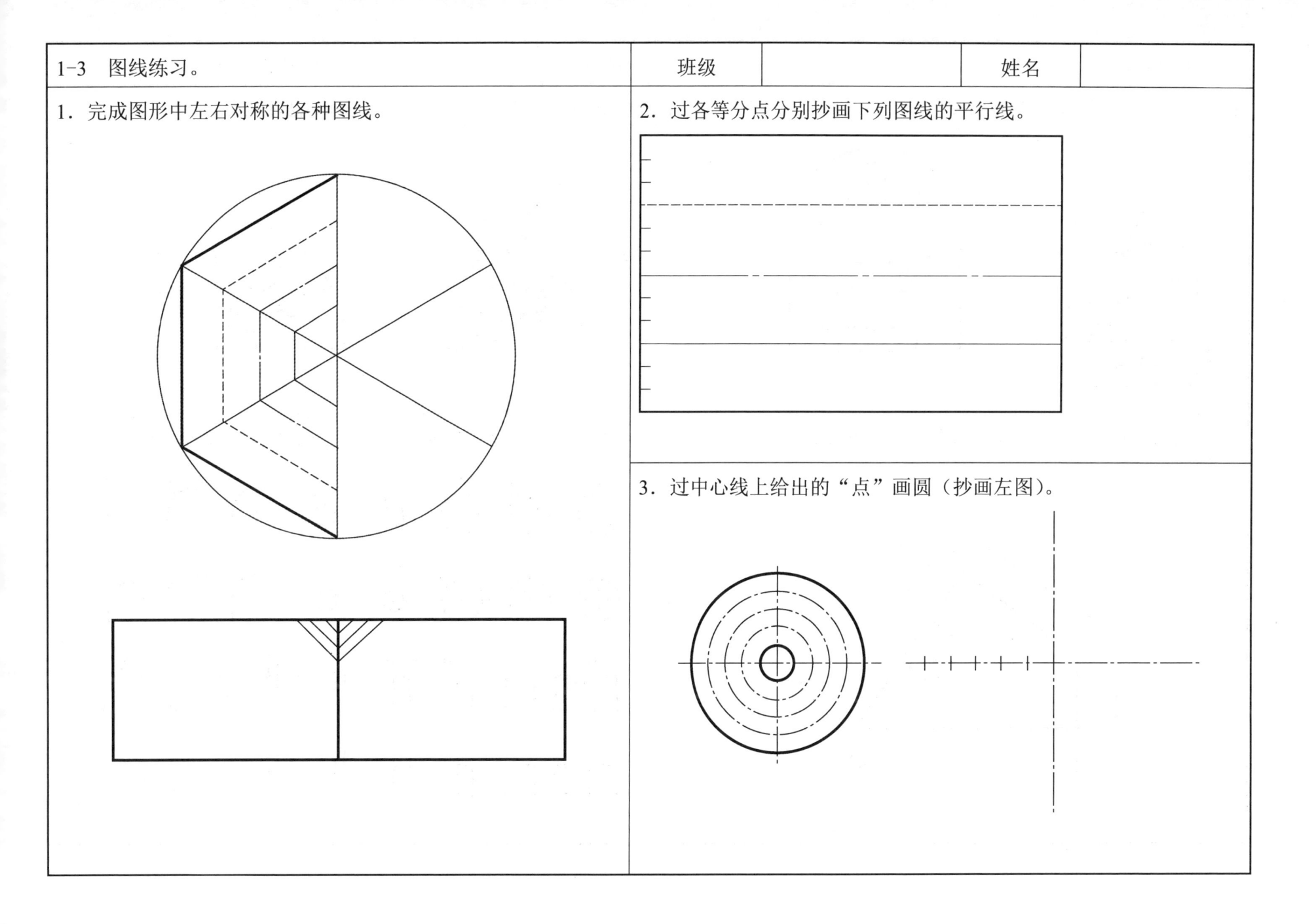

| 1-3　图线练习。 | 班级　　　　　姓名 |

1. 完成图形中左右对称的各种图线。

2. 过各等分点分别抄画下列图线的平行线。

3. 过中心线上给出的"点"画圆（抄画左图）。

1-4 尺寸注法。	班级	姓名

1. 将左图中的尺寸，标注在右图中。

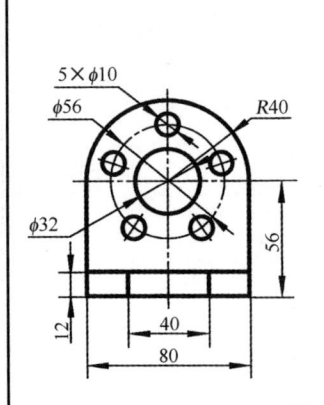

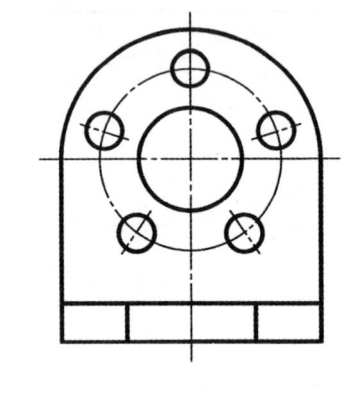

2. 检查左图尺寸注法的错误，将正确注法注在右图中。

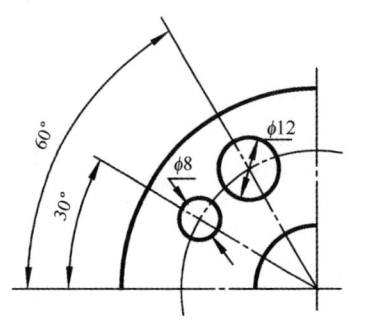

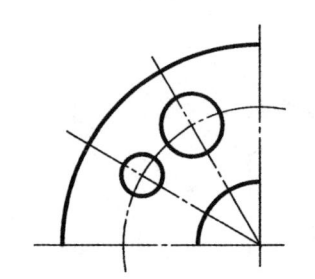

3. 标注图中的尺寸，尺寸数字从图中量取并取整。

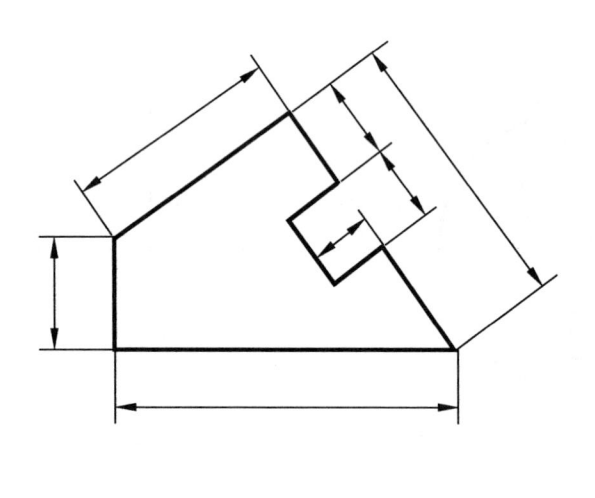

4. 分析下图中小尺寸的各种注法，并在相应图中模仿注出。

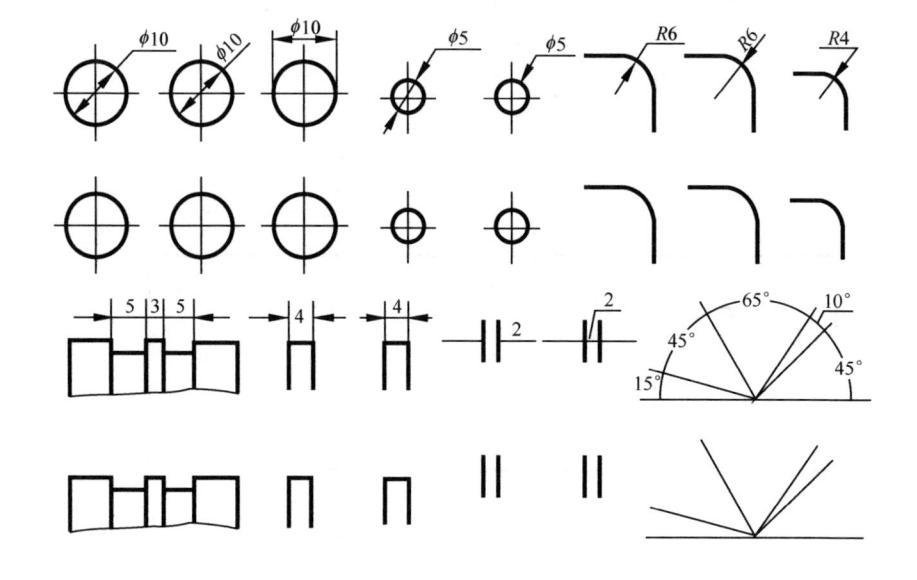

| 1-5 基本作图方法。 | 班级　　　　　姓名 |

1. 作圆的内接正三边形和内接正六边形。

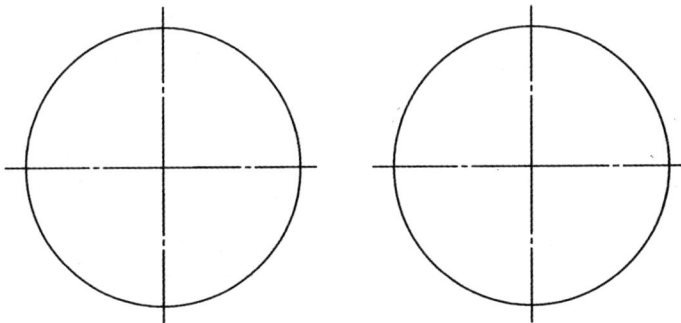

2. 作圆的外切正六边形和内接正五边形。

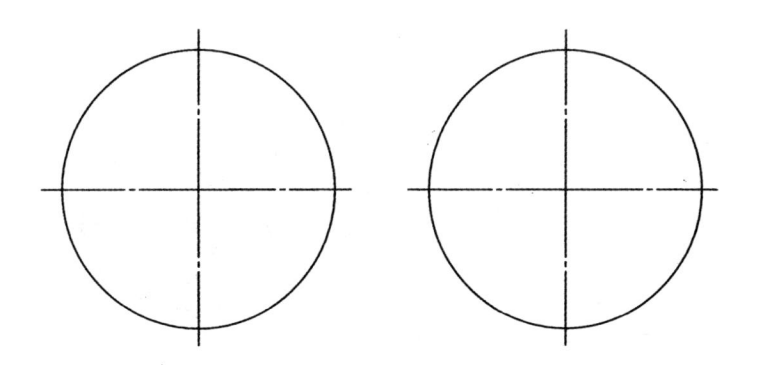

3. 参照右上角示意图，作1∶4斜度图形。

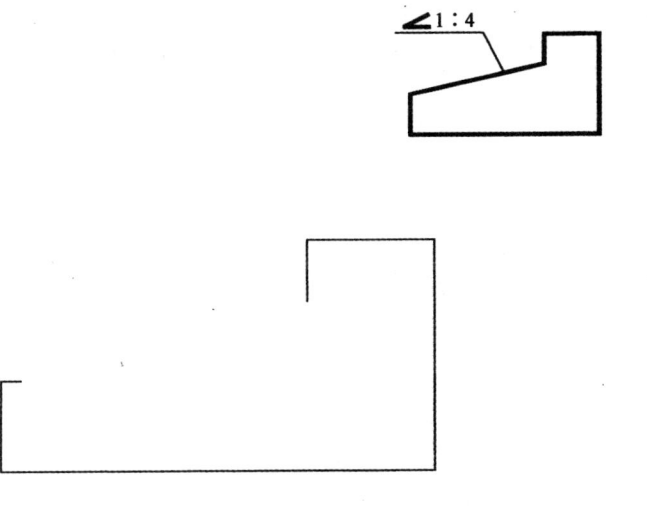

4. 参照右上角示意图，作1∶3锥度图形。

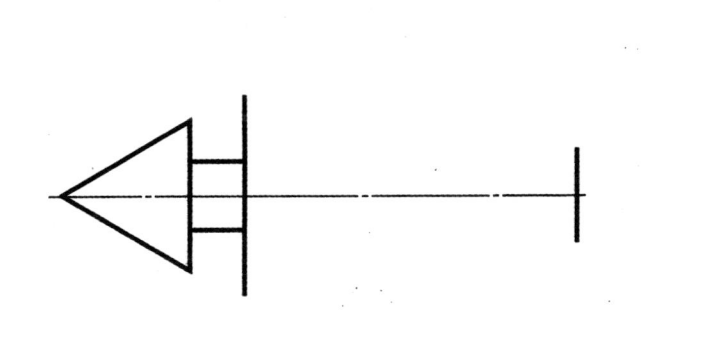

| 1-6 基本作图方法。 | 班级 | 姓名 |

1. 参照上图，完成下面图形的线段连接。

2. 参照上图，完成下面图形的线段连接。

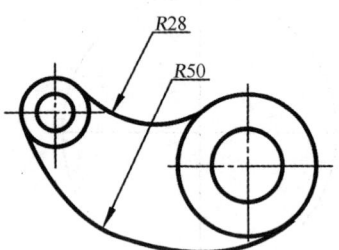

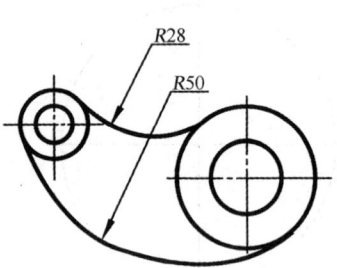

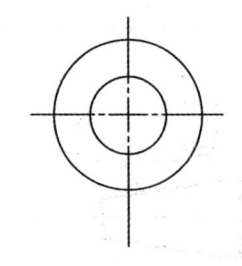

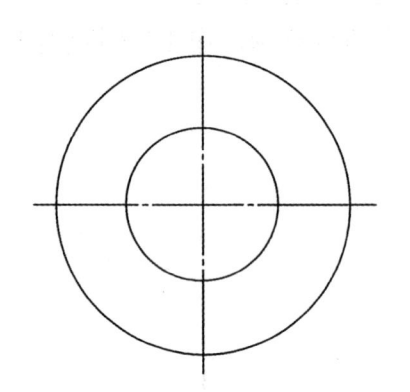

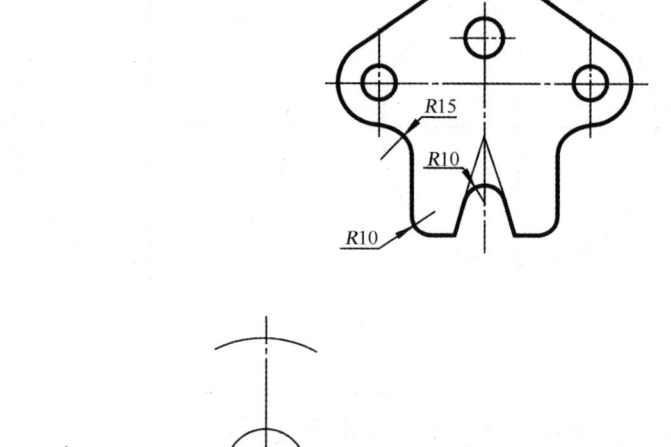

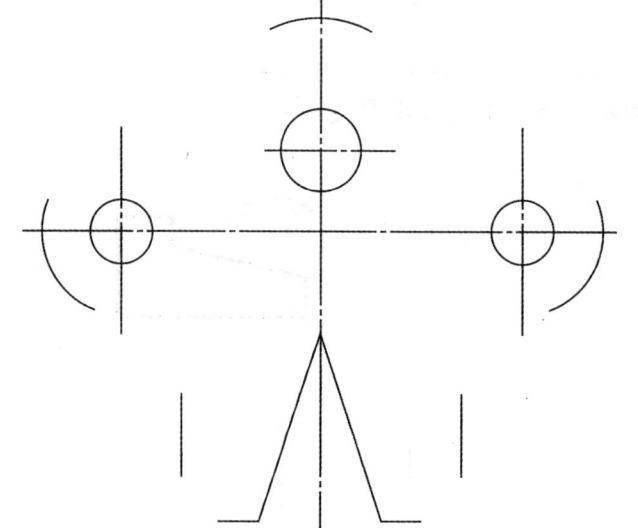

| 1-7 绘制平面图形。 | 班级 | | 姓名 | |

按1∶1比例绘制手柄平面图。

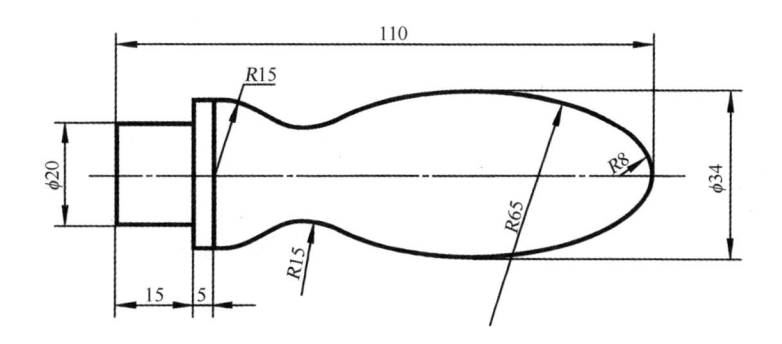

| 1-8 绘制平面图形。 | | 班级 | | 姓名 | |

按 1∶1 比例绘制平面图。

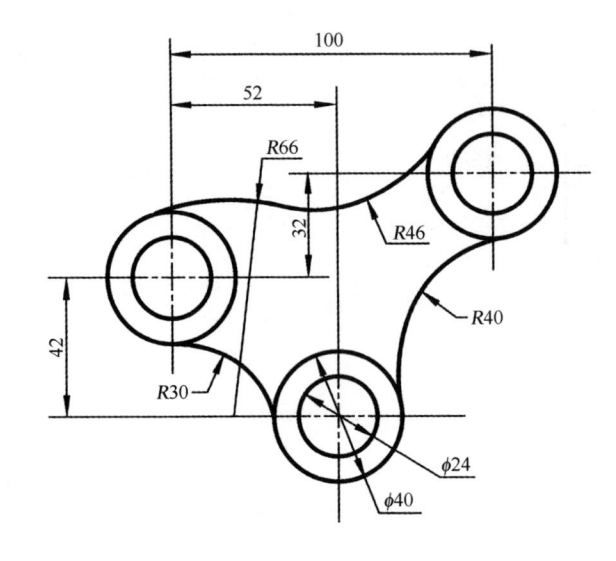

项目二 正投影基础

2-1 找出与三视图相对应的立体图，并填写序号。

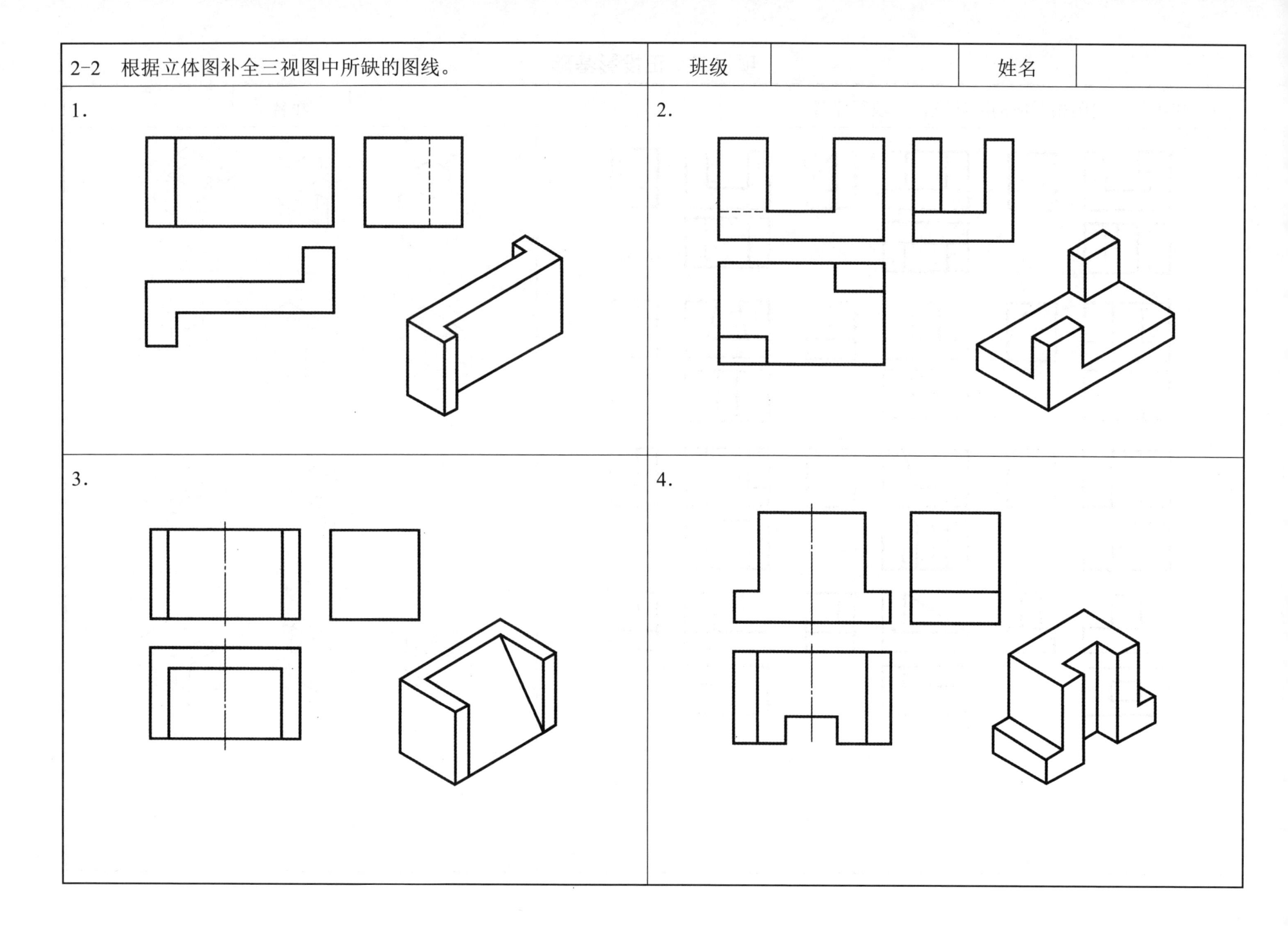

2-2 根据立体图补全三视图中所缺的图线。 班级　　　　姓名

1.

2.

3.

4.

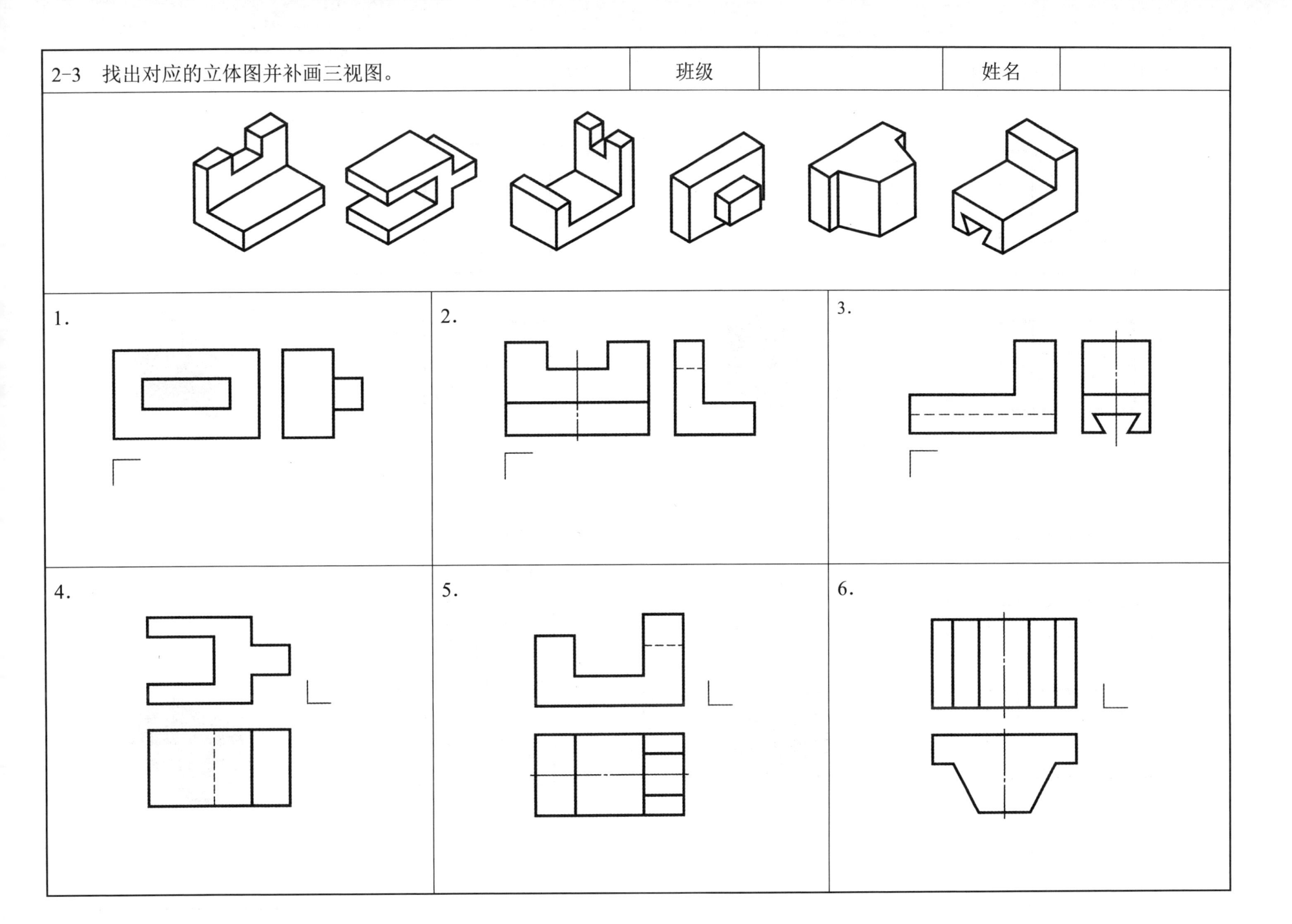

2-3　找出对应的立体图并补画三视图。　　班级　　　　姓名

1.

2.

3.

4.

5.

6.

2-4　根据立体图补画三视图。

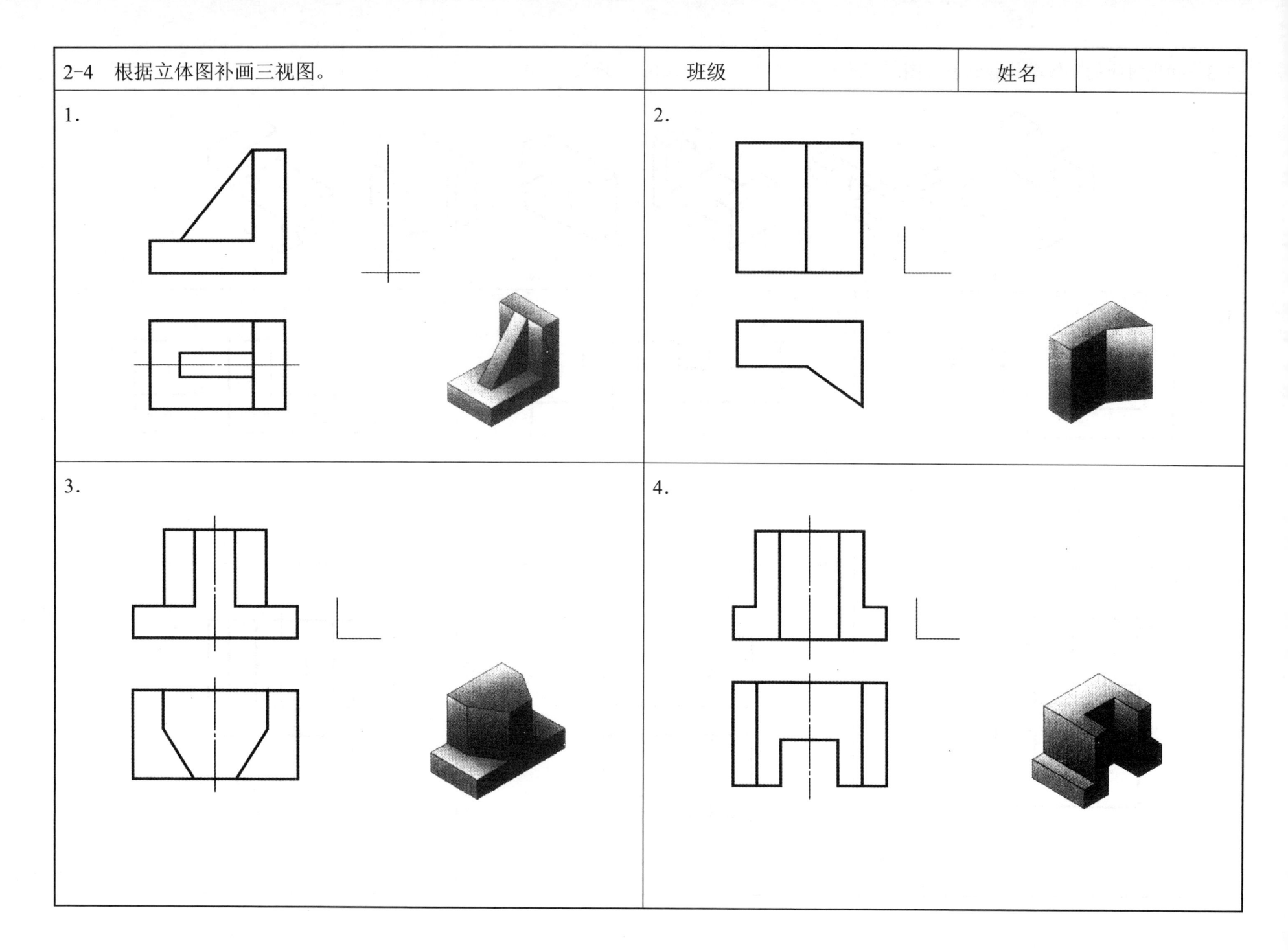

1.

2.

3.

4.

2-5　自定义尺寸，在绘图纸上绘制下列立体图的三视图。　　班级　　　　姓名

2-6 点的投影。	班级　　　　　　　姓名

1. 分别画出各四棱锥锥顶的投影连线，补全投影的标号，再比较锥顶 I、II 的相对位置。

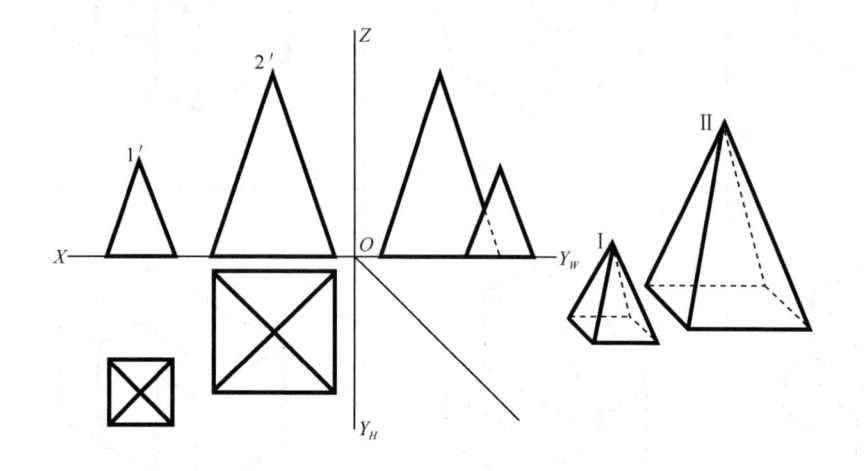

锥顶 I 在锥顶 II 的 _____、_____、_____ 方。

2. 已知三点的坐标 A（25,10,20）、B（10,20,20）、C（20,15,25），作各点的三面投影。

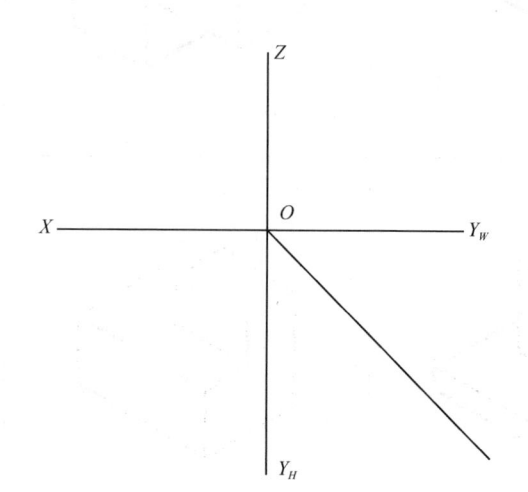

2-7 直线的投影。

根据下列直线的两面投影，判断直线对投影面的相对位置，作出直线的第三投影，并在直观图中标出对应直线的题号。

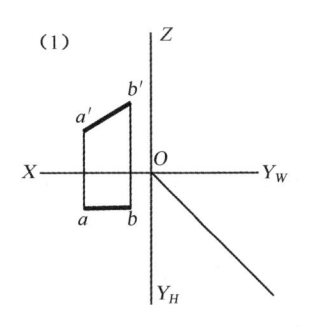

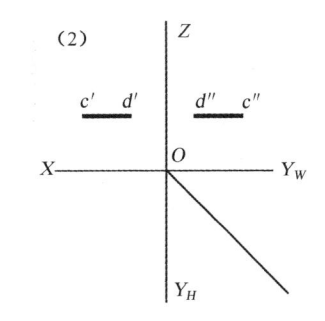

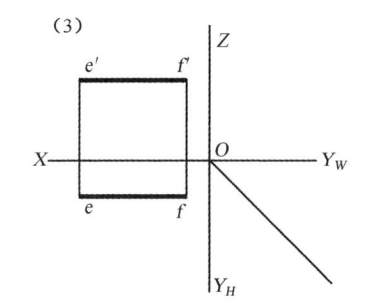

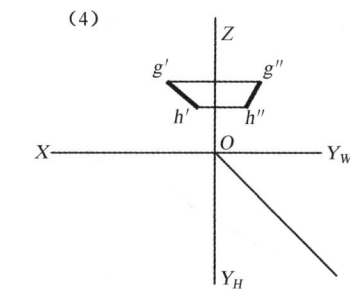

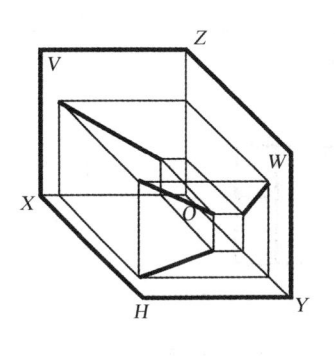

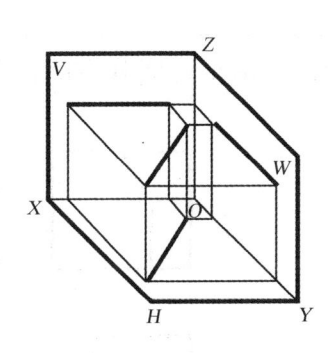

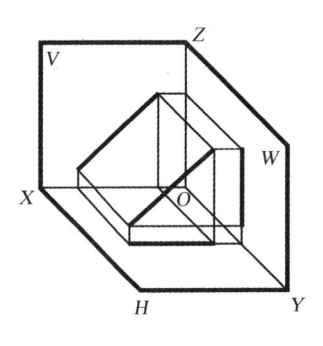

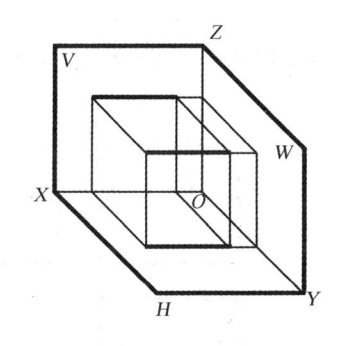

(1) _____ 线

(2) _____ 线

(3) _____ 线

(4) _____ 线

( )　　( )　　( )　　( )

2-8 直线的投影。	班级　　　　姓名

1. 已知水平线 AB 在 H 面上方 20，求作它的其余两面投影，并在该直线上取一点 K，使 AK＝20。

2. 已知 CD 为一铅垂线，它到 V 面及 W 面的距离相等，求作它的其余两个投影。

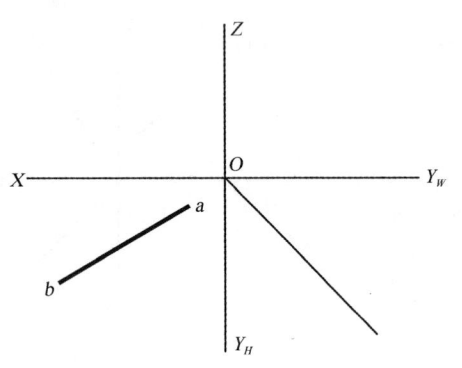

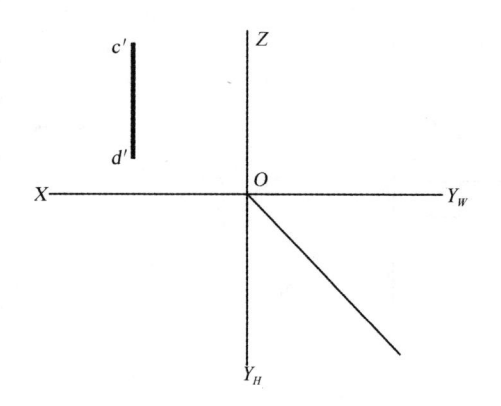

3. 注出直线 AB、CD 的另两面投影符号，在立体图中标出 A、B、C、D，并填空说明其空间位置。

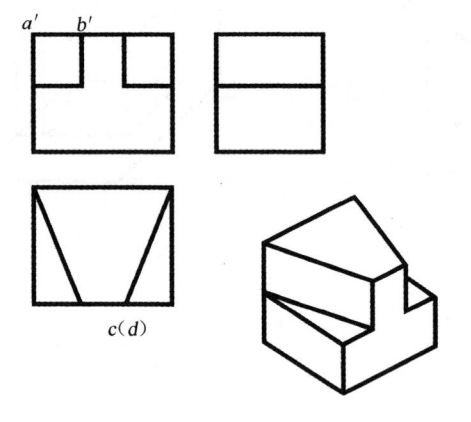

AB 是_____线，CD 是_____线。

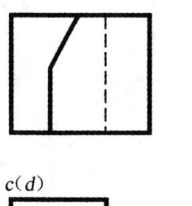

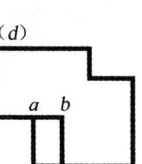

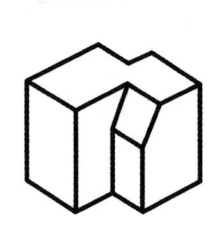

AB 是_____线，CD 是_____线。

2-9 平面的投影。   班级　　　　姓名

1. 根据平面图形的两个投影，求作它的第三投影，并判断平面的空间位置。

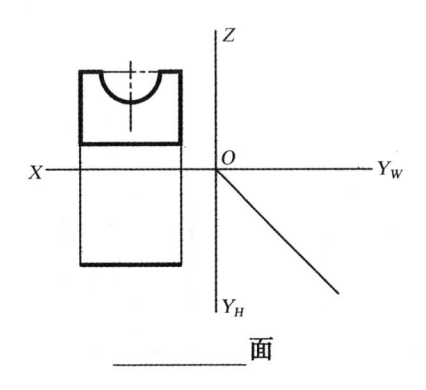

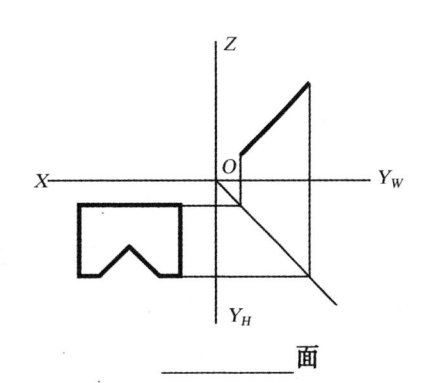

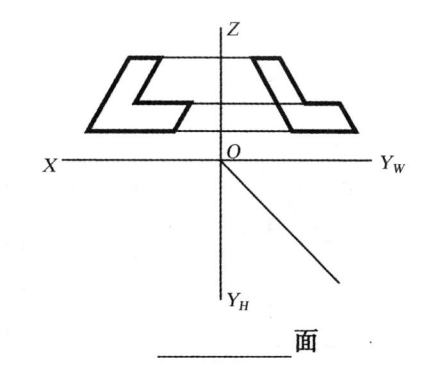

_____ 面　　　　_____ 面　　　　_____ 面

2. 已知正垂面 P 与 H 的面倾角为 $30°$，作出 V、W 面投影。

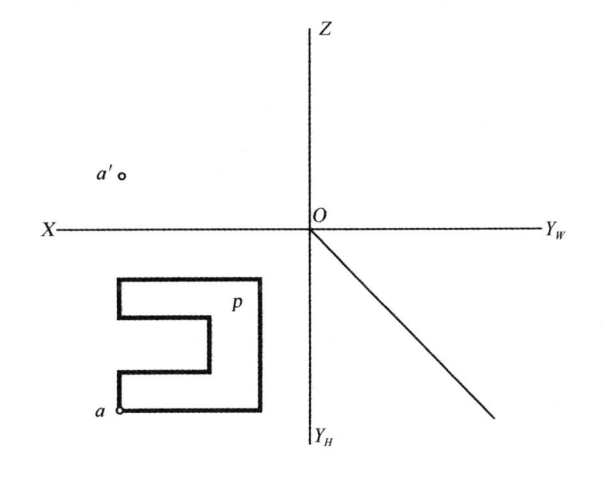

3. 包含直线 AB 作一个正方形，使它垂直于 H 面。

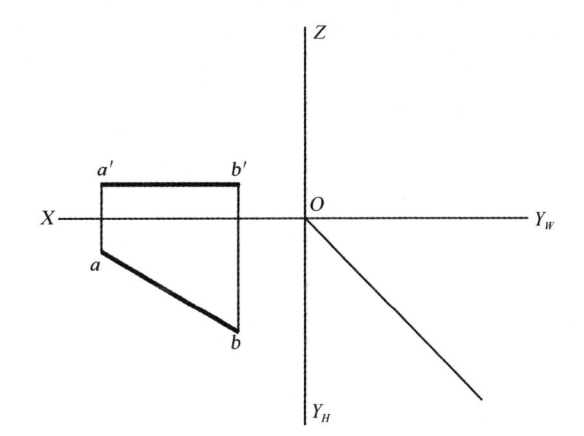

2-10 平面的投影。　　　班级　　　姓名

在三视图中找出平面 P、Q，以及直线 AB、CD 的三面投影，并根据它们对投影面的相对位置填空。

1.

AB 是 _____ 线，CD 是 _____ 线。

P 面是 _____ 面，Q 面是 _____ 面。

2.

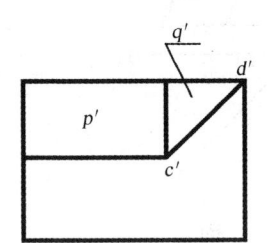

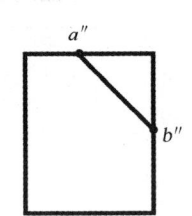

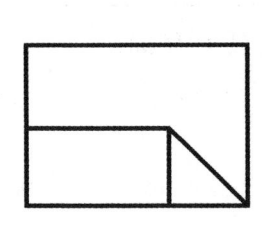

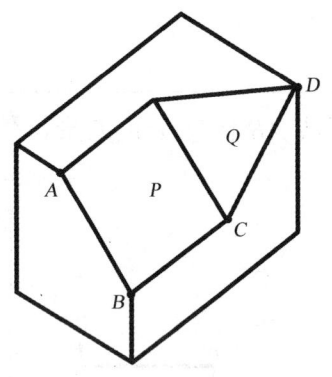

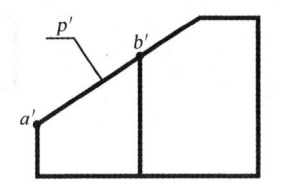

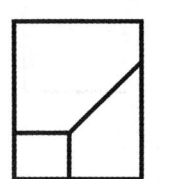

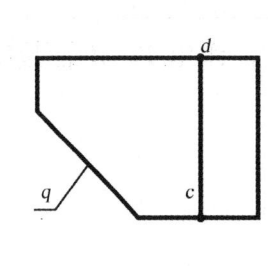

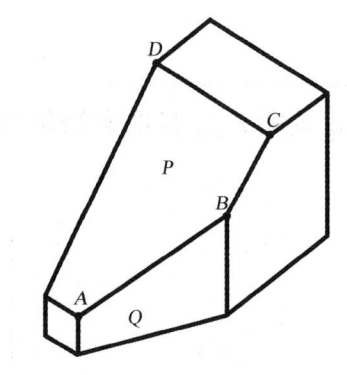

AB 是 _____ 线，CD 是 _____ 线。

P 面是 _____ 面，Q 面是 _____ 面。

2-11　已知两个视图，求作第三视图。　　　班级　　　　　姓名

1.

2.

3.

4.

5.

6.

19

2-12　补画视图中所缺的图及图线。

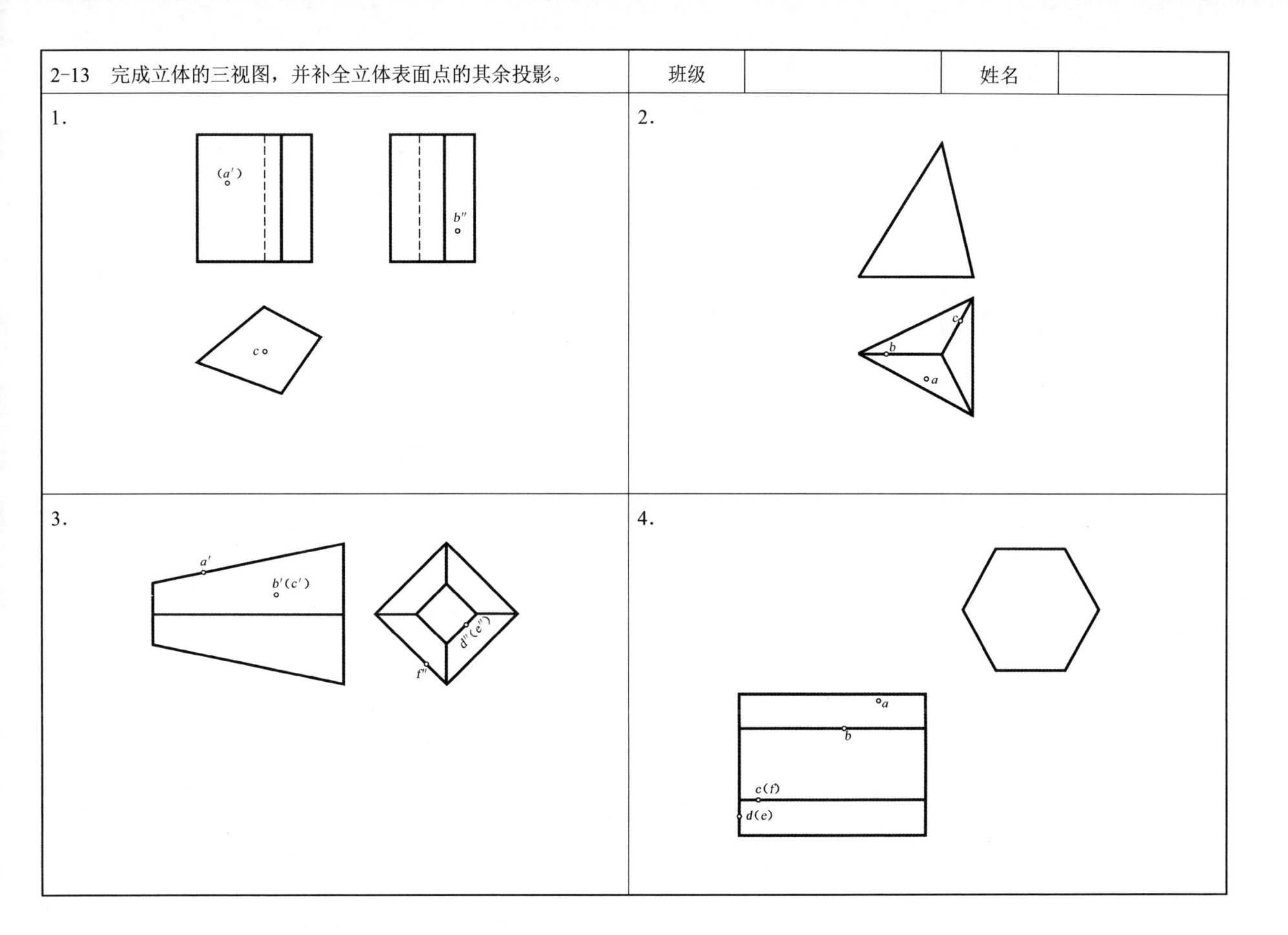

2-13 完成立体的三视图，并补全立体表面点的其余投影。　　班级　　　　　　姓名

1.

2.

3.

4.

| 2-14 完成立体的三投影，并补全立体表面点的其余投影。 | 班级 | | 姓名 | |

1.

2.

3.

4.

2-15　自定义尺寸，在绘图纸上根据立体图绘制三视图。　　班级　　　　　姓名

项目三 轴测图

| 3-1 根据两个视图按 1∶1 比例绘制正等轴测图。 | 班级 | 姓名 |

1.

2.

3.

4.

24

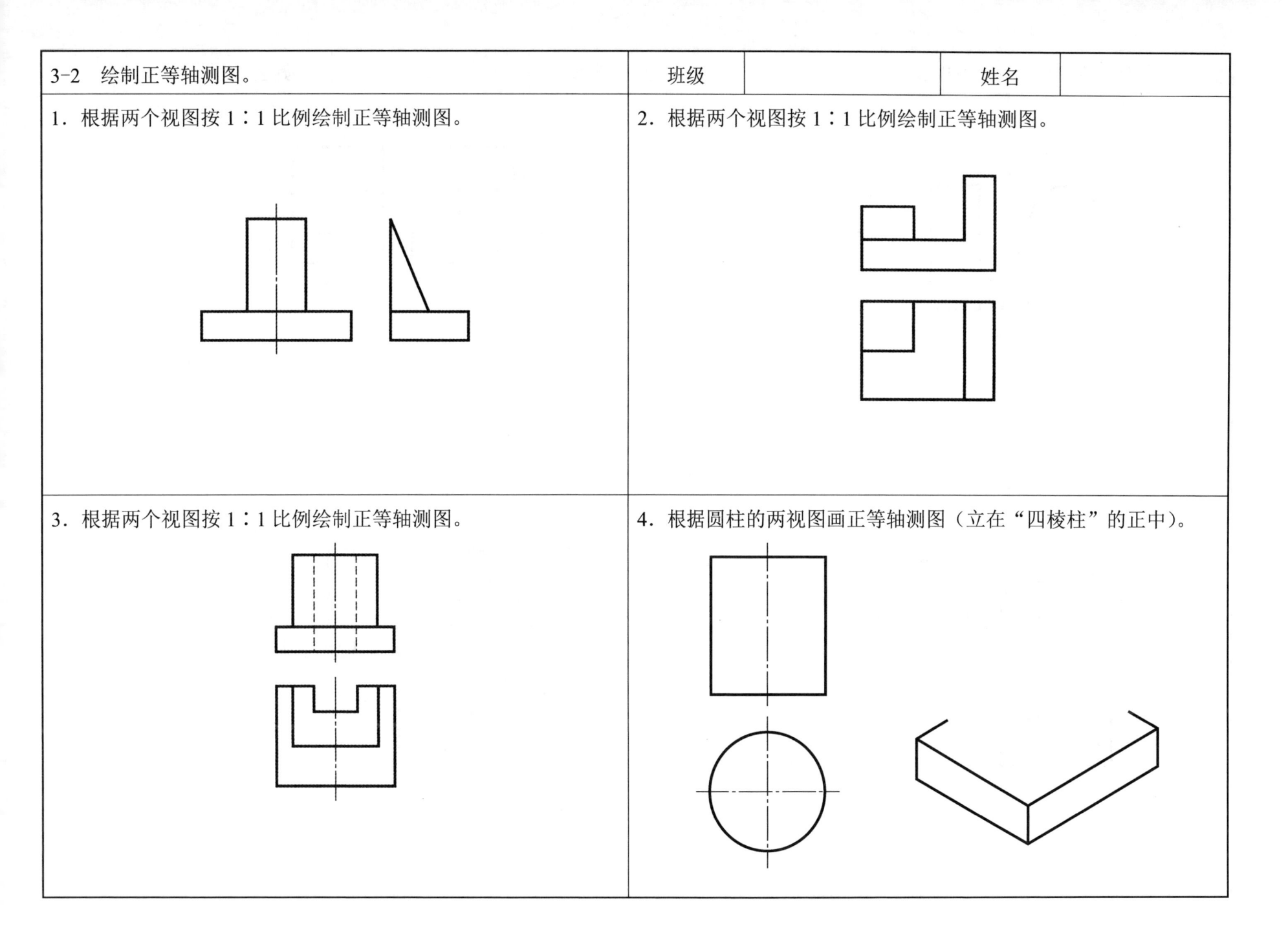

3-2 绘制正等轴测图。	班级　　　　　　姓名
1．根据两个视图按 1∶1 比例绘制正等轴测图。	2．根据两个视图按 1∶1 比例绘制正等轴测图。
3．根据两个视图按 1∶1 比例绘制正等轴测图。	4．根据圆柱的两视图画正等轴测图（立在"四棱柱"的正中）。

3-3　由已知视图画斜二等轴测图。　　班级　　　姓名

1.

2.

3.

4.

| 3-4 | 根据轴测图，徒手绘制三视图，尺寸自定义。 | 班级 | | 姓名 | |

项目四 立体的表面交线

4-1 补全立体的三面投影。　　班级　　　　姓名

1.

2.

3.

4.

4-2 补全立体的三面投影。

班级　　　　姓名

1.

2.

3.

4.

29

4-3 补全立体的三面投影。   班级   姓名

1.

2.

3.

4.

4-4 根据轴测图，画出三视图。　　班级　　　　姓名

| 4-5　相贯线。 | 班级　　　　　姓名 |

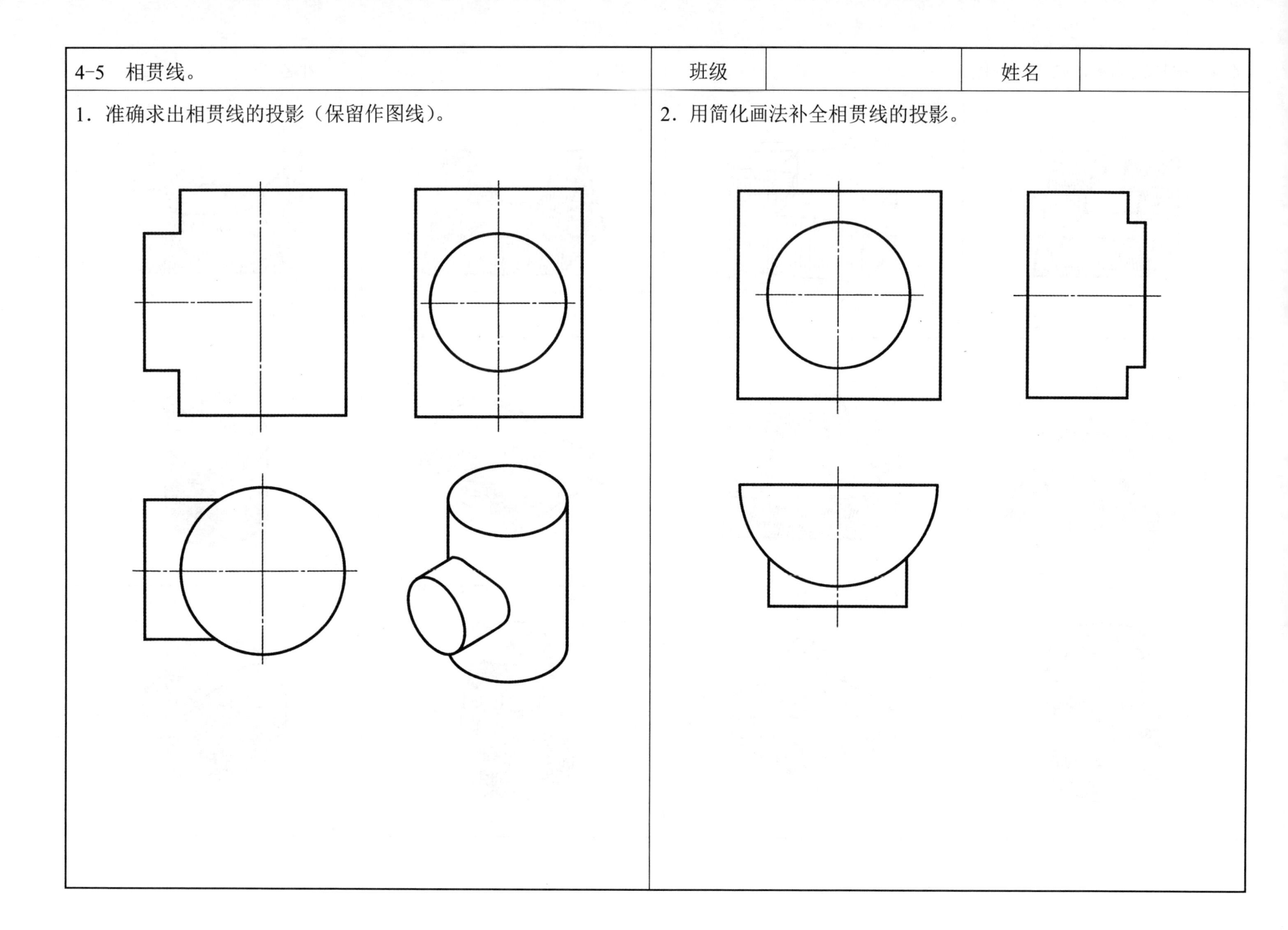

1. 准确求出相贯线的投影（保留作图线）。

2. 用简化画法补全相贯线的投影。

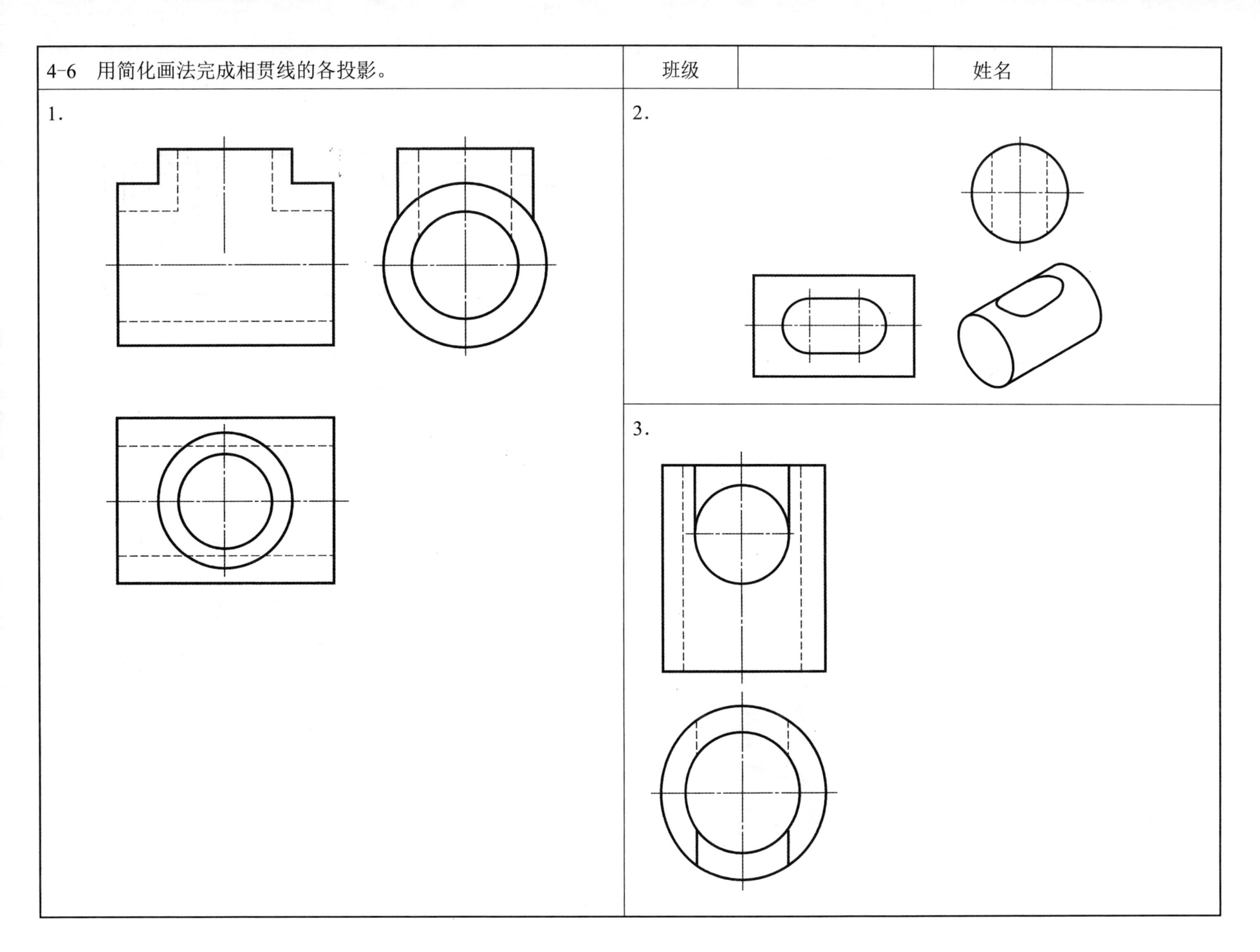

4-6　用简化画法完成相贯线的各投影。　　班级　　　　　姓名

1.

2.

3.

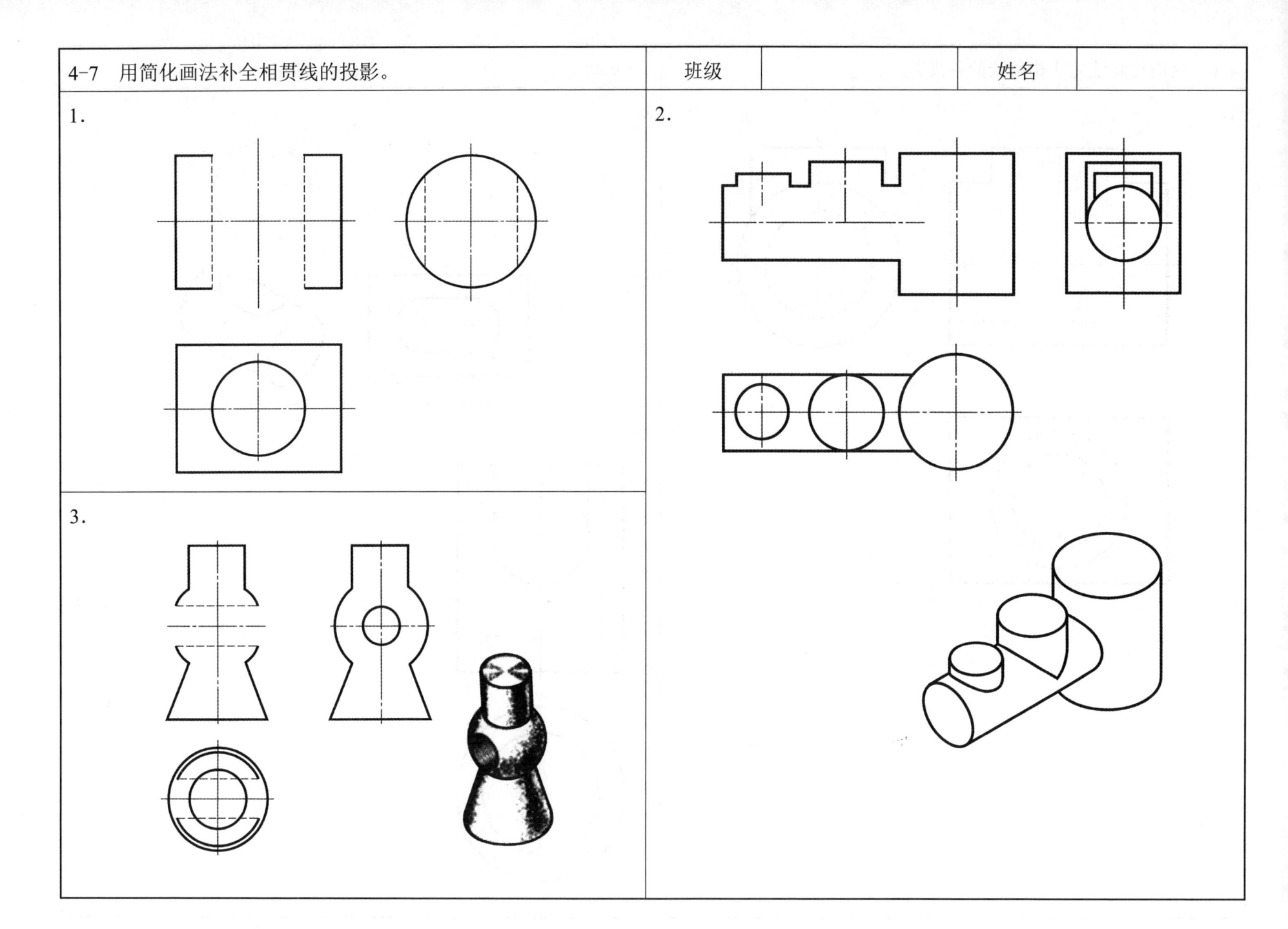

4-7 用简化画法补全相贯线的投影。 班级　　　　　　姓名

1.

2.

3.

项目五　组合体

5-1　补画下列组合体表面的交线。　　　班级　　　　　姓名

5-2　根据立体图，画组合体的三视图。　　班级　　　　姓名

5-3　根据两个视图，求作第三视图。

1.

2.

3.

4.

37

5-4 根据立体图上所注尺寸，画组合体的三视图。	班级		姓名	
1.	2.			

| 5-5 | 作业指导 | | 班级 | | 姓名 | |

作 业 指 导

1．作业名称及内容

（1）图名：组合体。

（2）内容：在5-6的轴测图中任选两题，绘制组合体的三视图，并标注尺寸。

2．作业目的及要求

（1）学会运用形体分析法绘制组合体的三视图和标注尺寸。

（2）培养读图能力。

3．作业提示

（1）用A3幅面图纸横放，按1：1绘图。

（2）绘图前应分析组合体由哪些基本体组成及各形体间的相互位置和组合关系。

（3）选择最能反映组合体形状特征的方向为主视图的投影方向。

（4）绘图时，三视图之间要留有足够标注尺寸的地方，经周密计算后便可画出各视图的定位线（对称轴线或基准线）。

（5）绘图时，应将图纸固定在图板上，丁字尺、三角板和绘图仪器配合使用，以提高绘图速度和准确度。

（6）标注尺寸时，不要照搬轴测图上的尺寸注法，应以尺寸齐全、注法正确、配置适当为原则，重新考虑视图的尺寸配置。

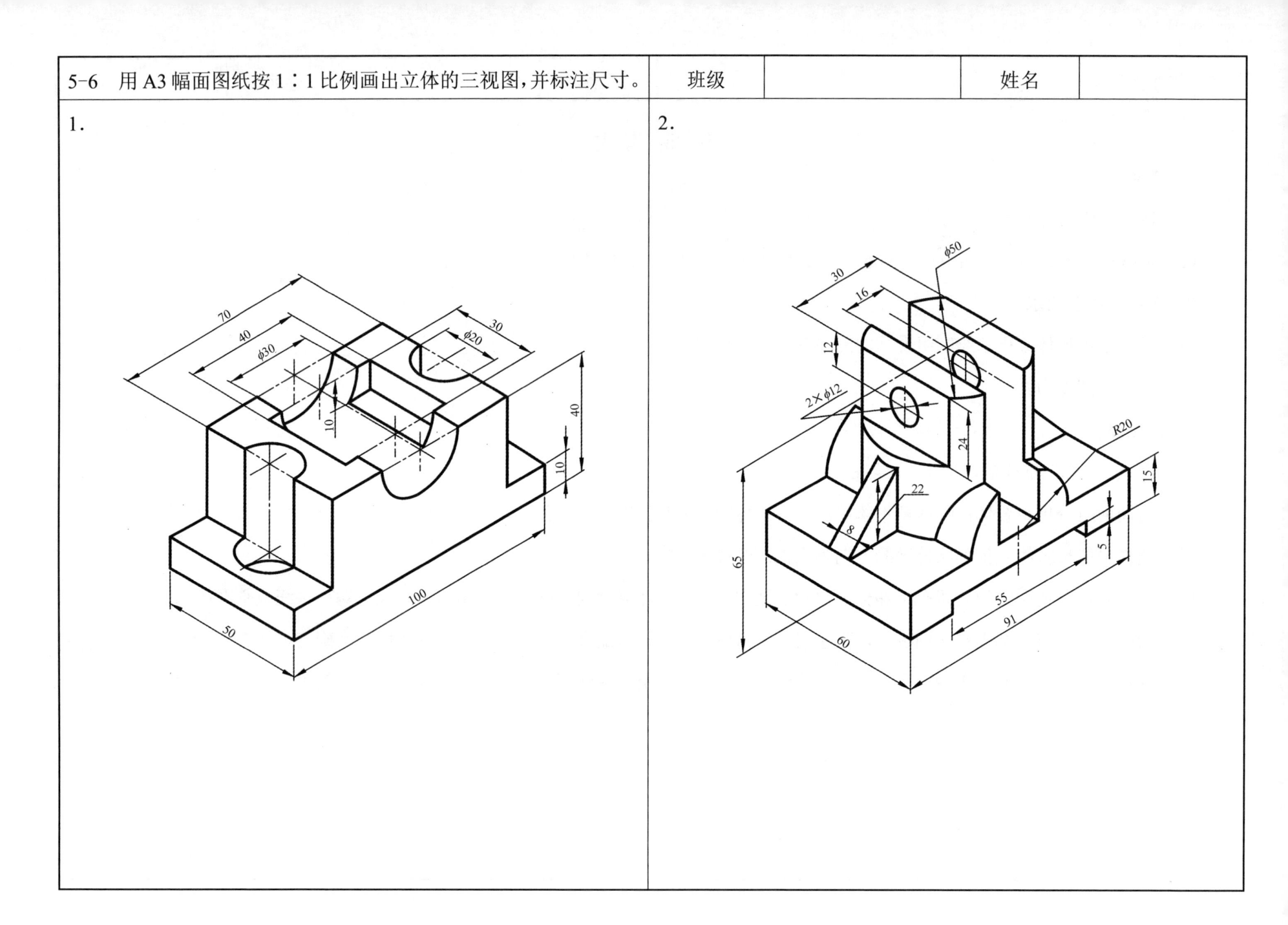

5-6　用 A3 幅面图纸按 1∶1 比例画出立体的三视图,并标注尺寸。　　班级　　　　姓名

1.

2.

40

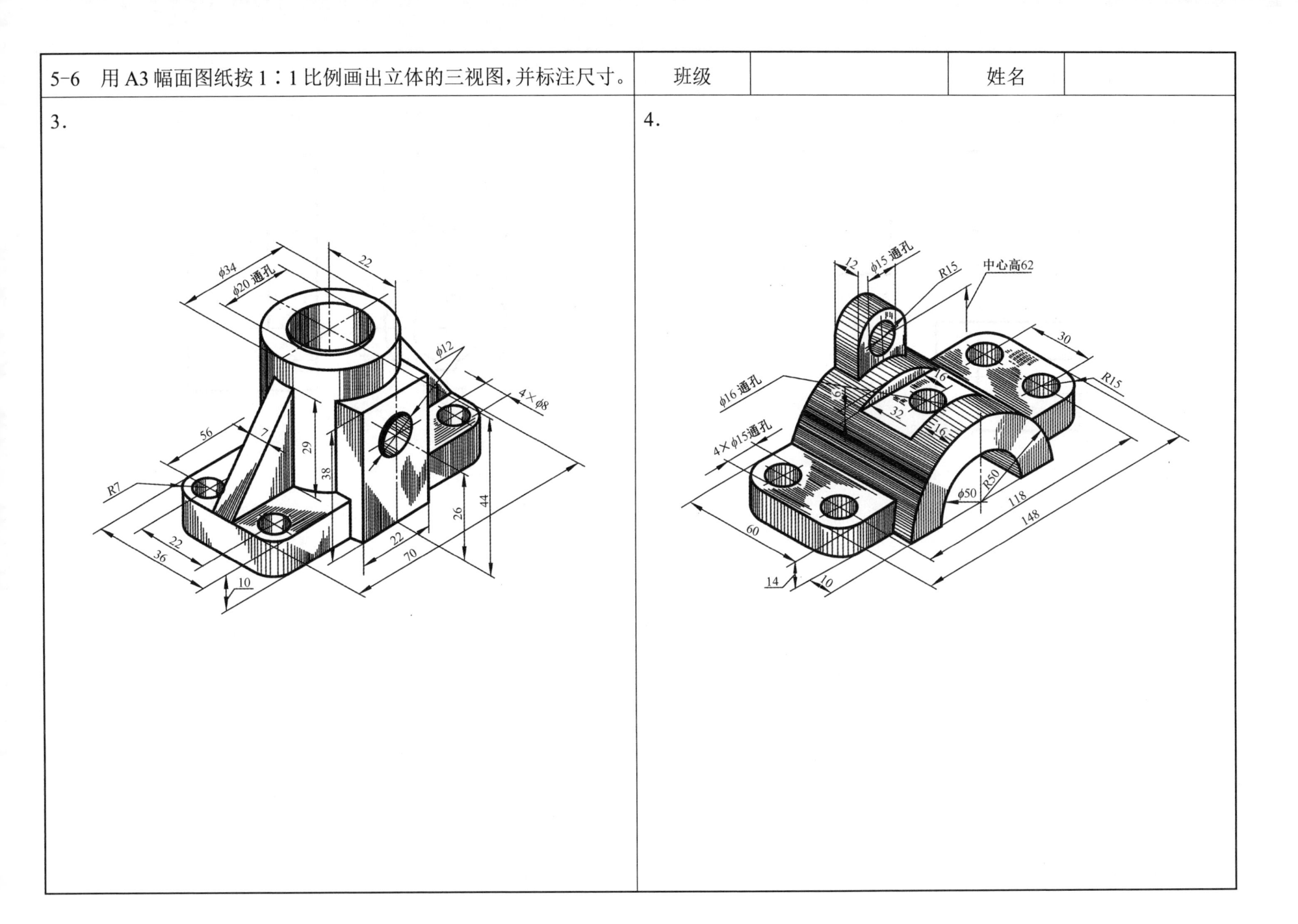

| 5-6 用 A3 幅面图纸按 1∶1 比例画出立体的三视图，并标注尺寸。 | 班级 | | 姓名 | |

3.

4.

5-7 组合体的轴测图。	班级	姓名

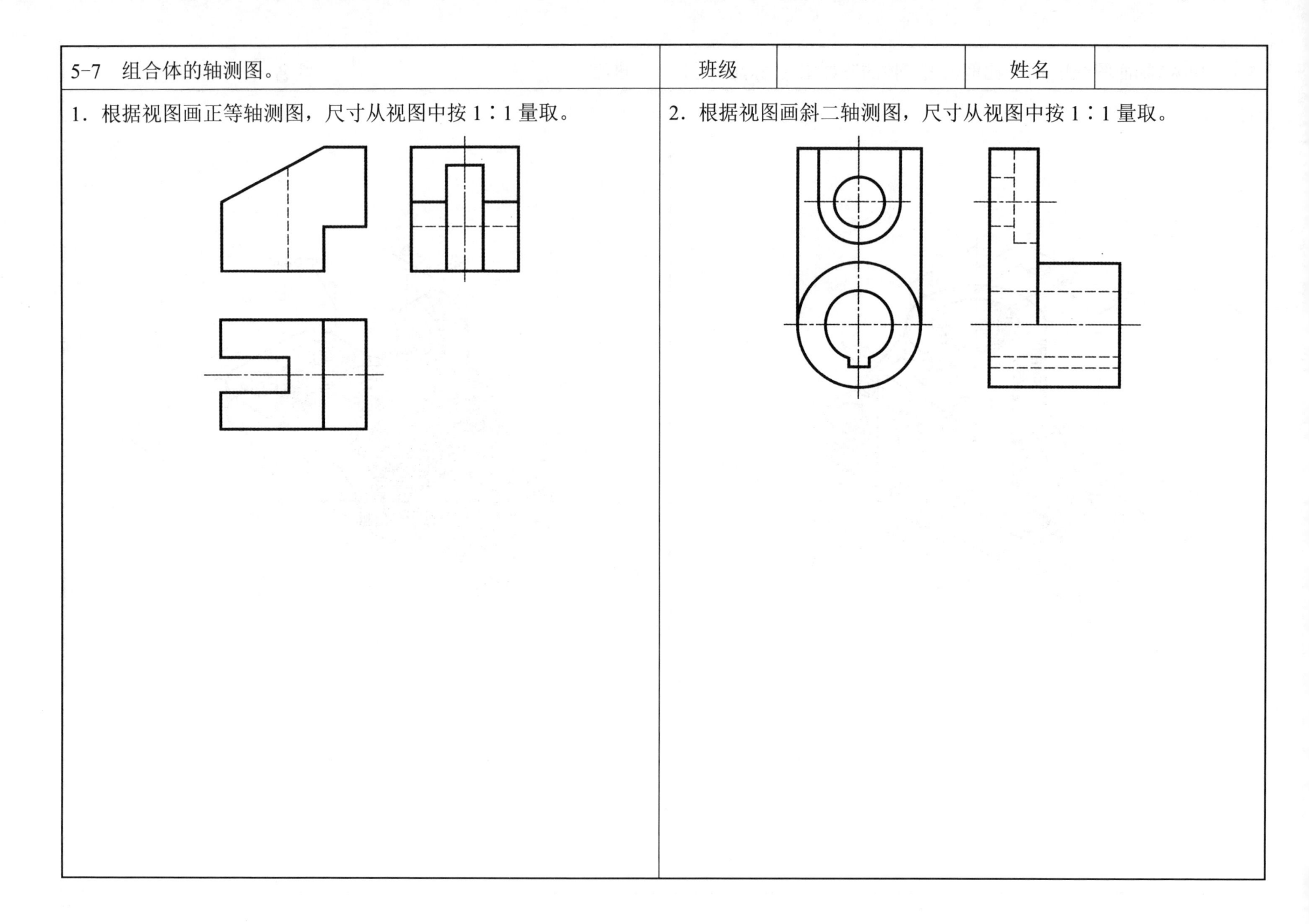

1. 根据视图画正等轴测图，尺寸从视图中按 1∶1 量取。

2. 根据视图画斜二轴测图，尺寸从视图中按 1∶1 量取。

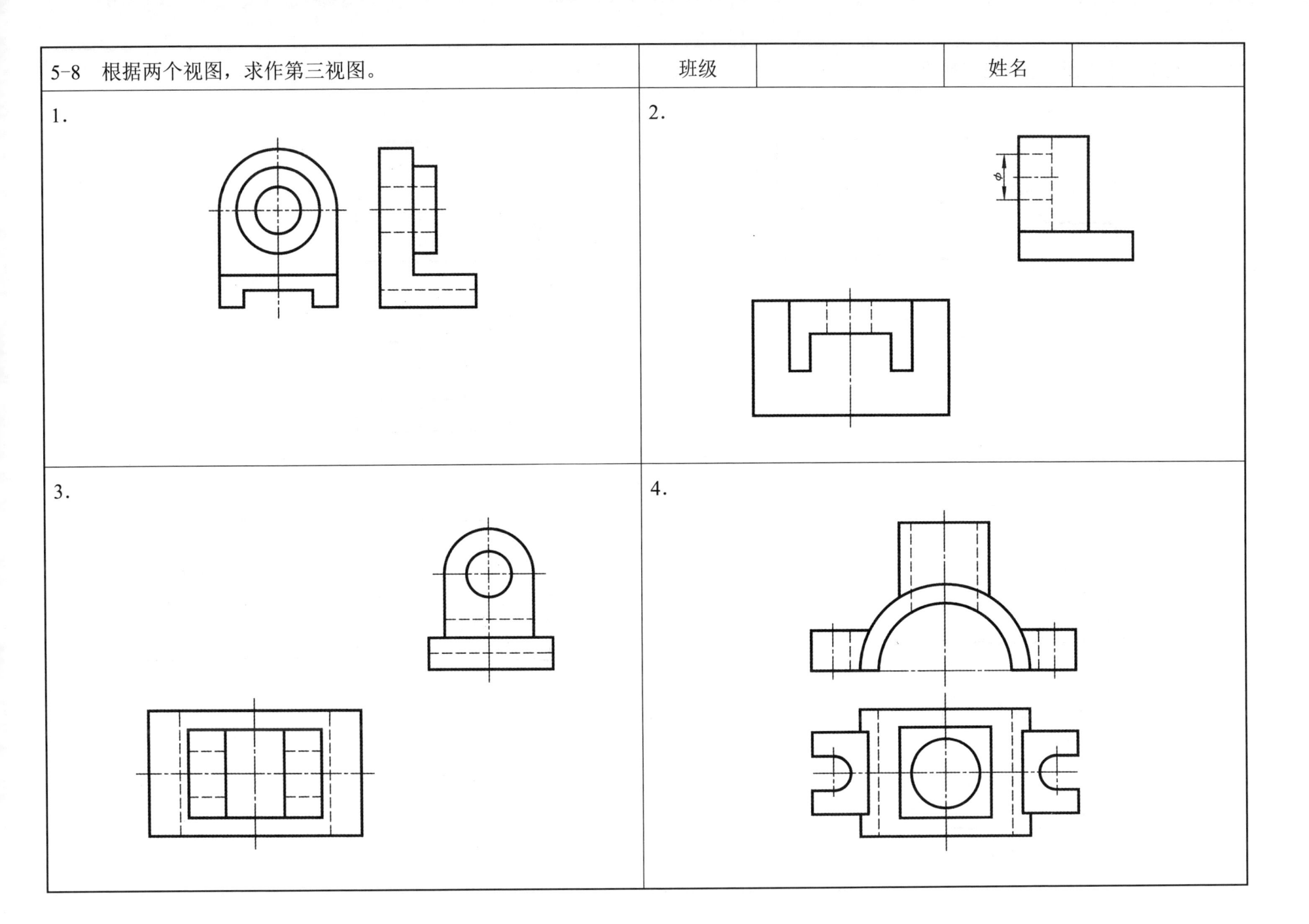

5-8 根据两个视图，求作第三视图。

1.

2.

3.

4.

5-9 根据两个视图，求作第三视图。

1.

2.

3.

4.

5-10　根据两个视图，求作第三视图。

1.

2.

3.

4.

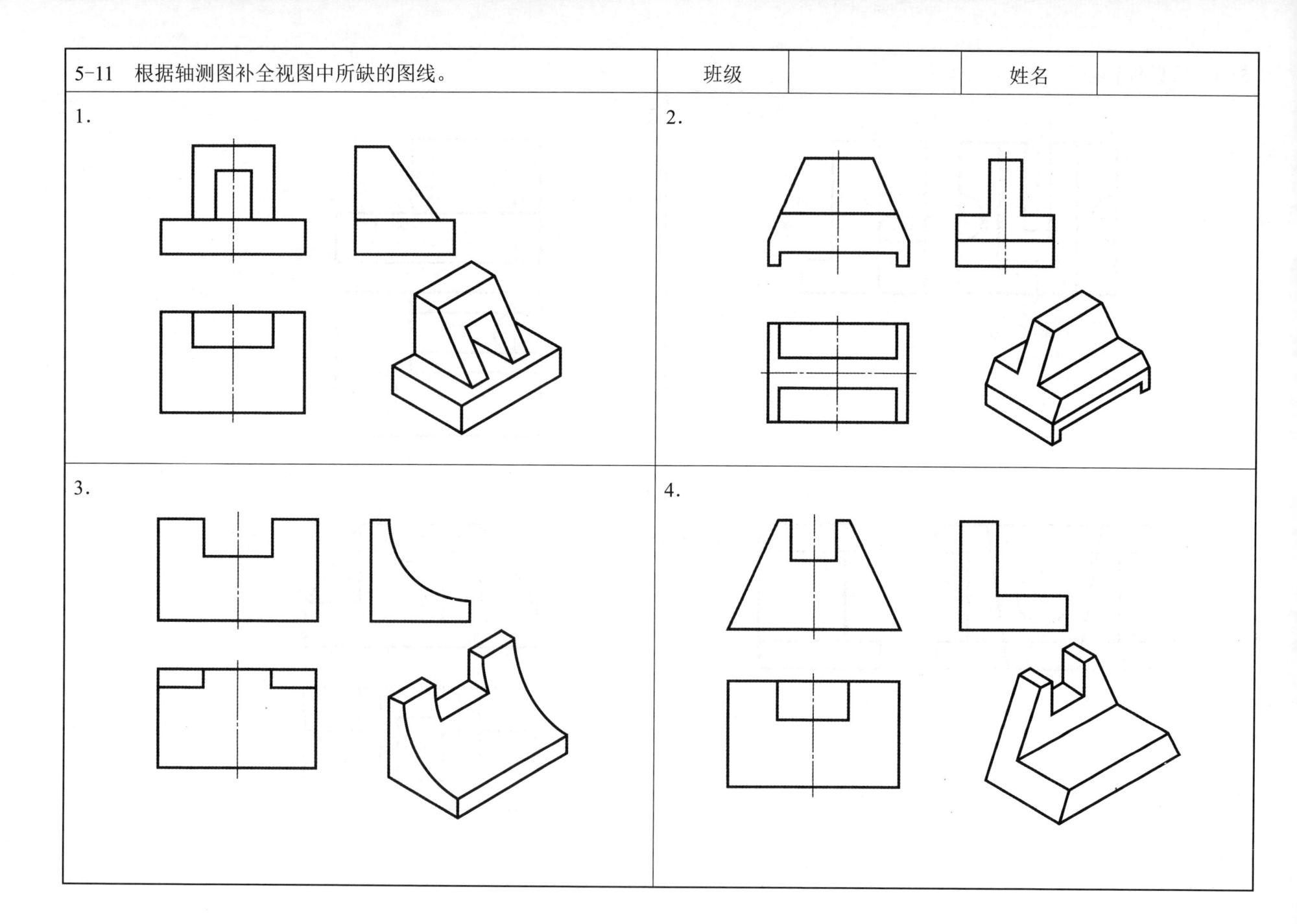

5-11　根据轴测图补全视图中所缺的图线。

1.

2.

3.

4.

5-12　想出组合体的形状，补全视图中所缺的图线。　　班级　　　　　姓名

5-13　想出组合体的形状，补全视图中所缺的图线。　　班级　　　　　姓名

1.

2.

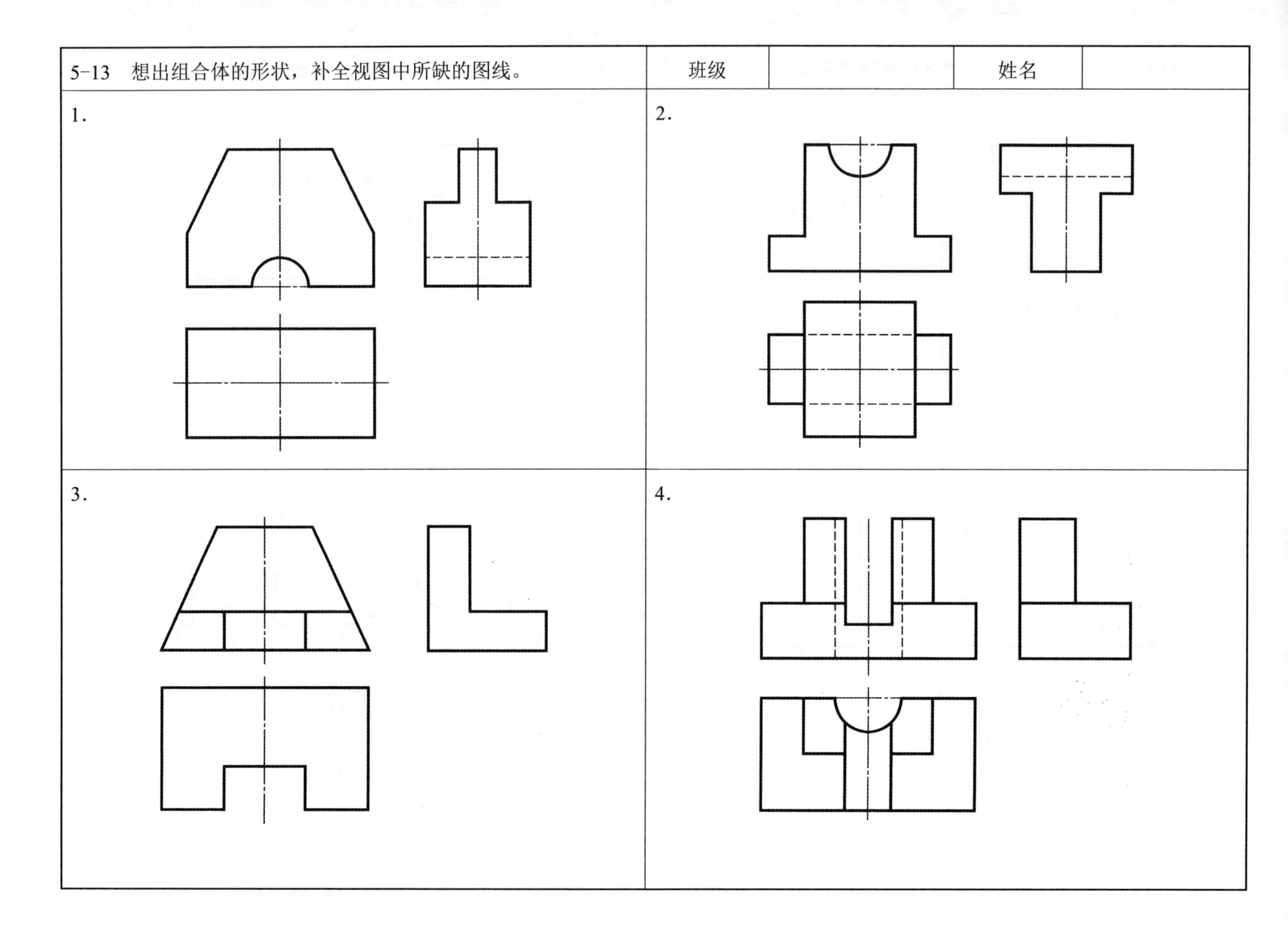

3.

4.

5-14 想出组合体的形状，补全视图中所缺的图线。　　班级　　　　姓名

1.

2.

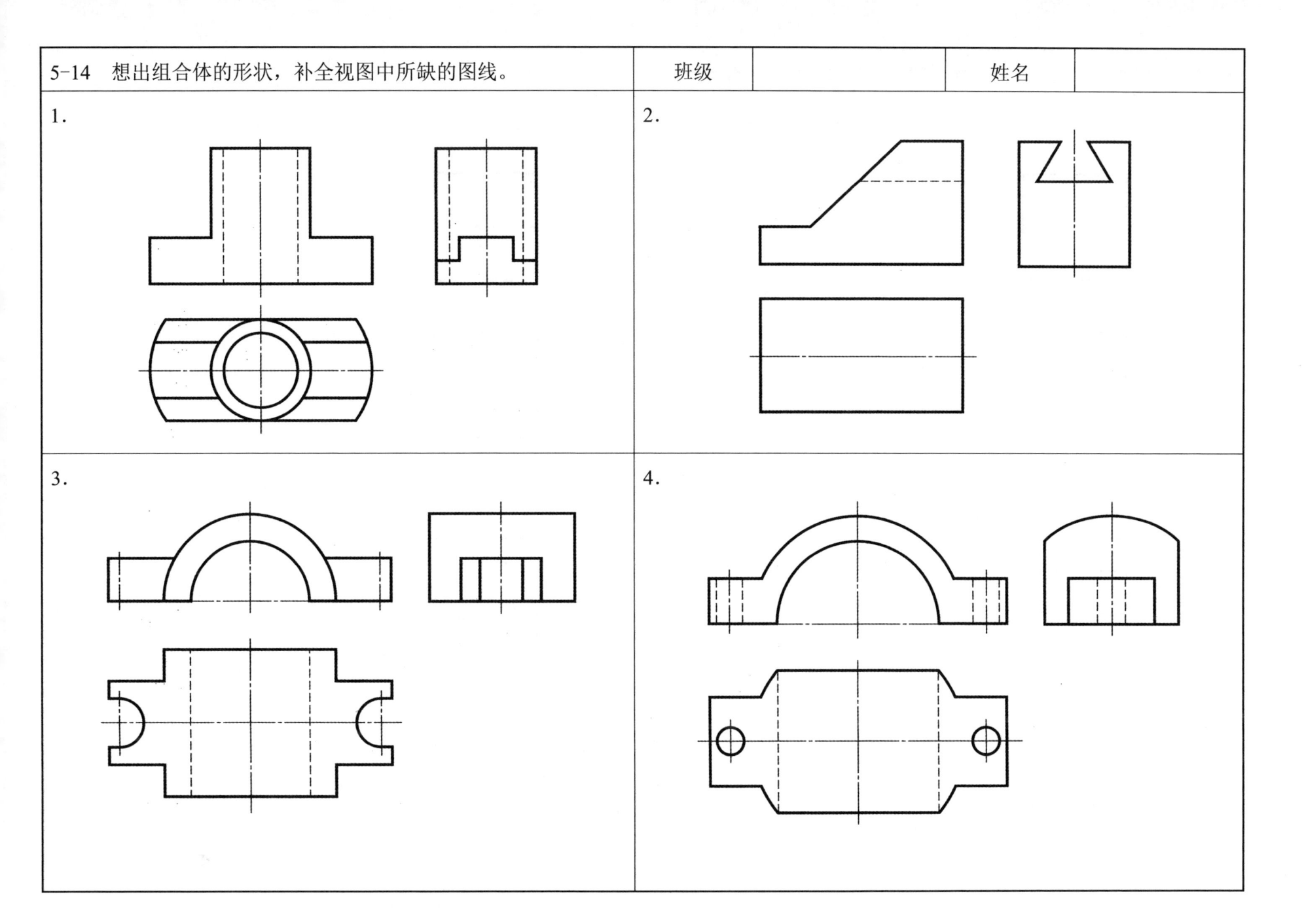

3.

4.

49

5-15 根据两个视图，构思物体形状，补画第三视图（有多种答案，至少画出三个）。

班级　　　　　　姓名

1.

2.

3.

4.

| 5-16 根据相同的一面视图，构思不同形状的组合体，补画另外两个视图（未定尺寸自定）。 | | 班级 | | 姓名 | |

1.

2.

3.

4.

5.

6.

项目六 尺寸注法

6-1 按 1∶1 的比例标注尺寸（从图中量取整数）。　　班级　　　　姓名

1.

2.

3. 圆台

4.

5.

6.

6-2 按1∶1的比例标注尺寸（从图中量取整数）。 班级　　　　　姓名

1.

2.

3.

4.

6-3 按1∶1的比例标注尺寸（从图中量取整数）。 班级　　　　　姓名

1.

2.

3.

4.

6-4 指出视图中重复或多余的尺寸（打×），并标注遗漏的尺寸（不注尺寸数字）。	班级		姓名	

1.

2.

3.

4.

6-5 按1∶1的比例标注尺寸（从图中量取整数）。 班级　　　　　姓名

1.

2.

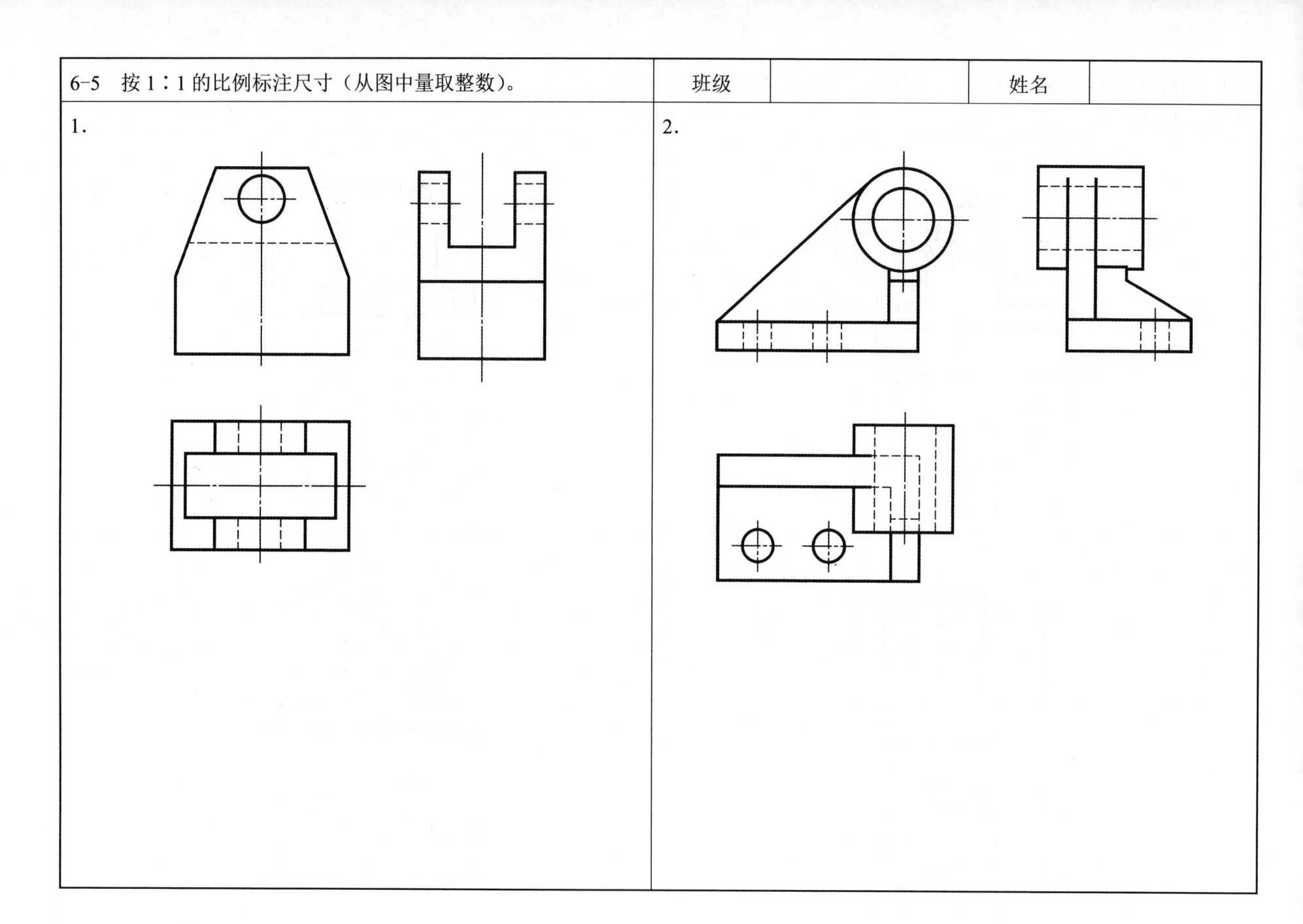

项目七 机件的表达方法

7-1 根据主、俯、左三视图，补画右、后、仰三视图。 班级　　　　　　姓名

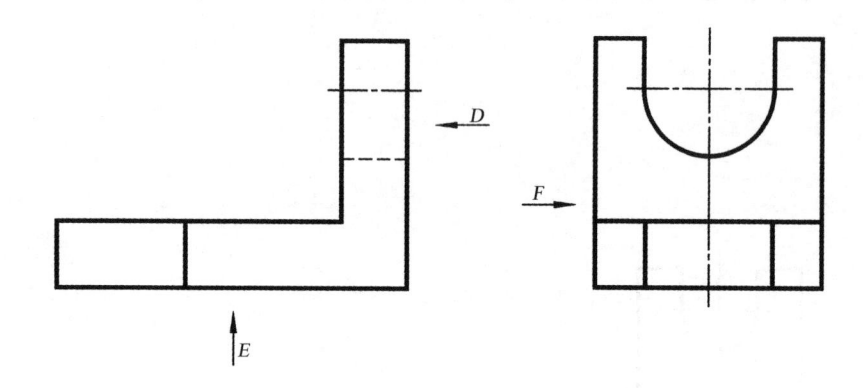

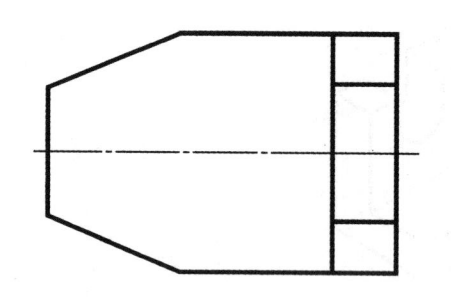

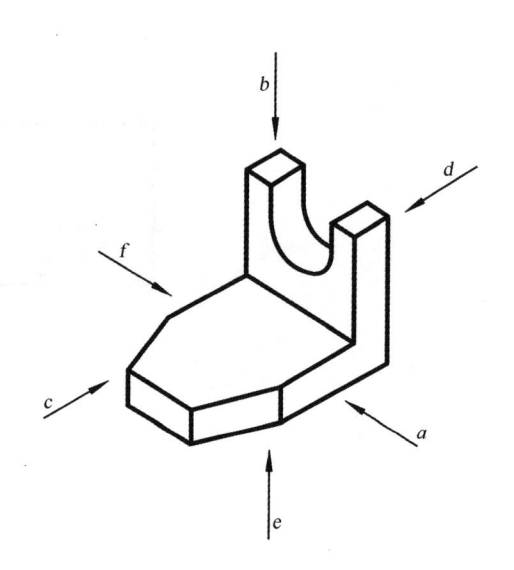

7-2 根据三个基本视图，按图中箭头所指的方向补画三个基本视图。 班级　　　　姓名

7-3 局部视图和斜视图。

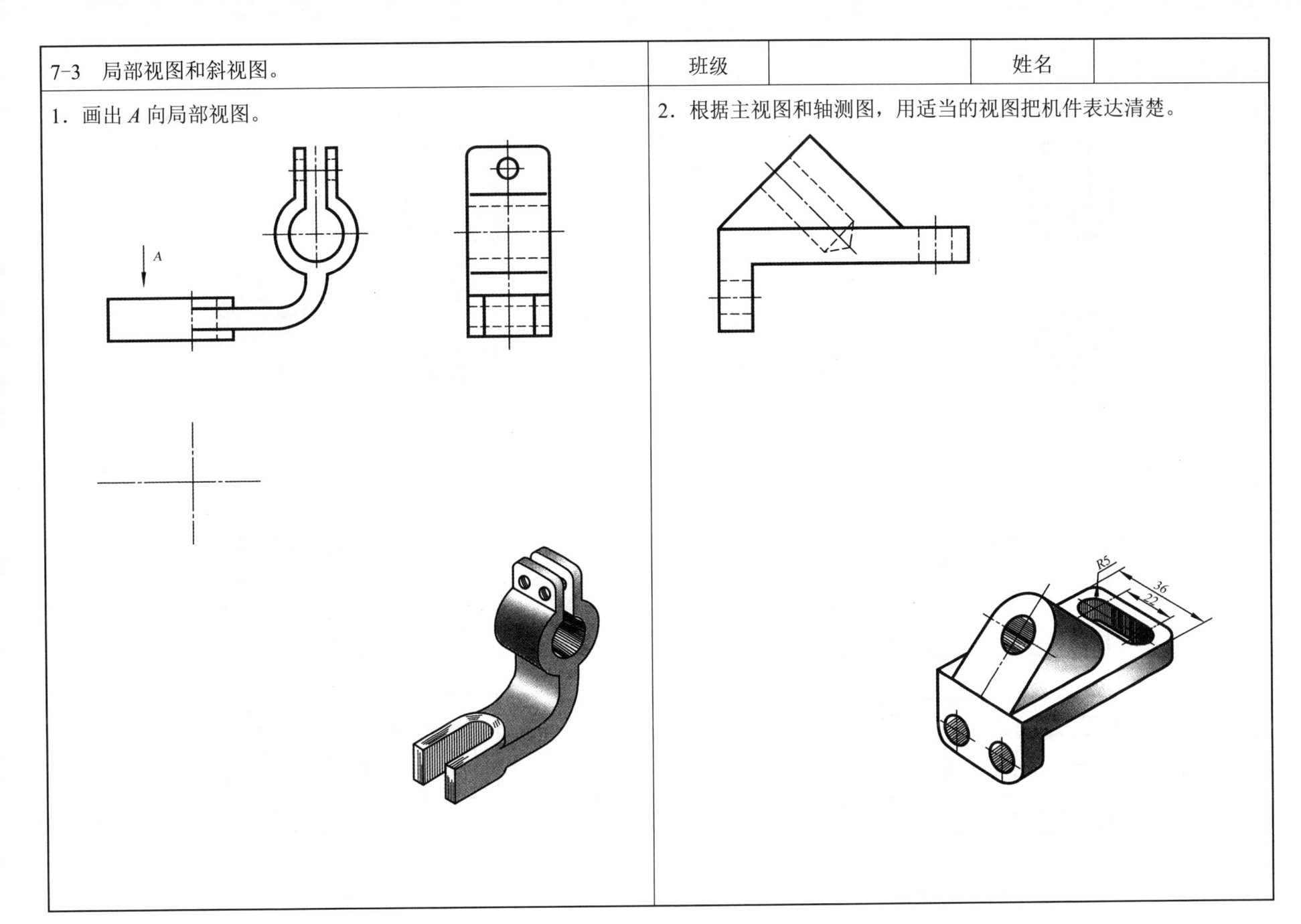

1. 画出 A 向局部视图。

2. 根据主视图和轴测图，用适当的视图把机件表达清楚。

7-4 补画剖视图中所缺的线。 班级　　　　姓名

1.

2.

3.

4.

| 7-5 将主视图画成全剖视图。 | 班级 | | 姓名 | |

1.

2.

7-6 将主视图改画成全剖视图。

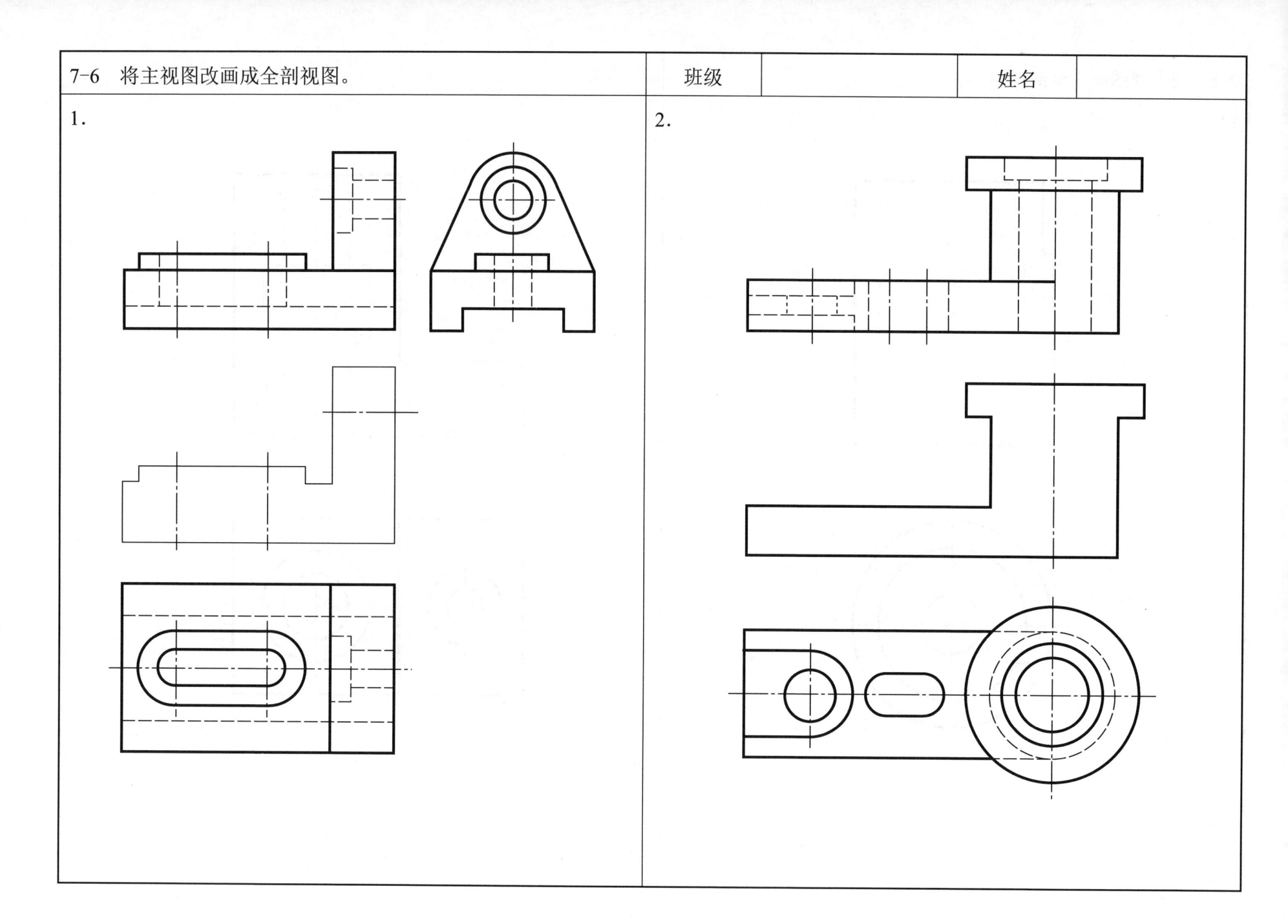

1.

2.

7-7 在指定位置将左视图改画成半剖视图。

1.

2.

| 7-8 局部剖视图。 | 班级 | 姓名 |

1. 分析局部剖视图中的错误，在右边画出正确的剖视图。

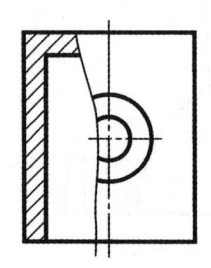

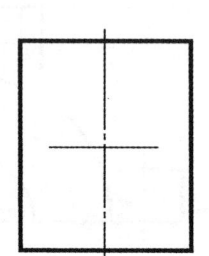

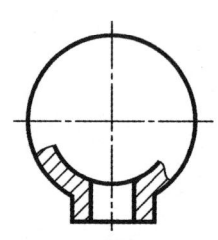

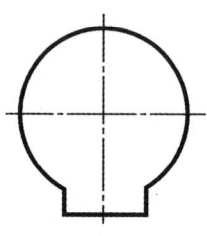

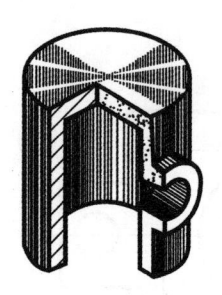

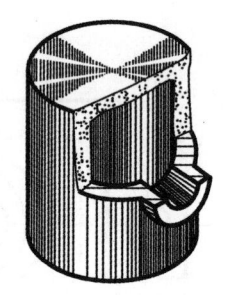

2. 将视图改画成局部剖视图。

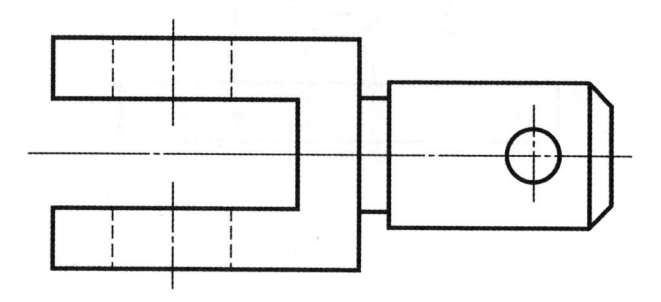

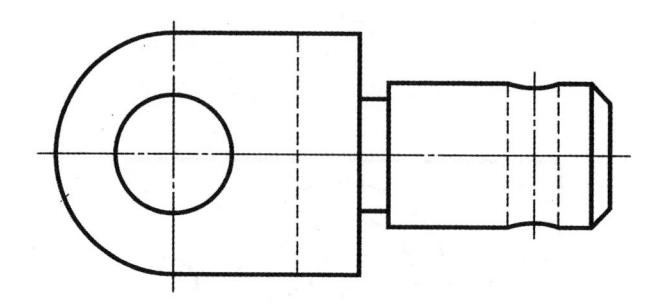

| 7-9 单一剖切平面。 | 班级 | | 姓名 | |

1. 用单一斜剖切平面剖切后，画出 B—B 全剖视图。

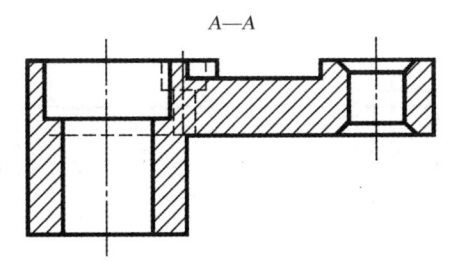

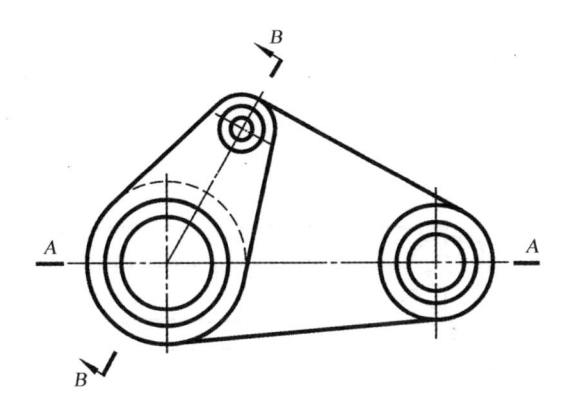

2. 用单一斜剖切平面剖切后，画出 A—A 全剖视图。

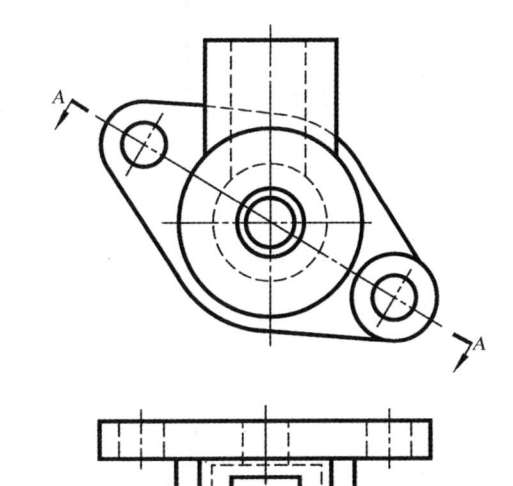

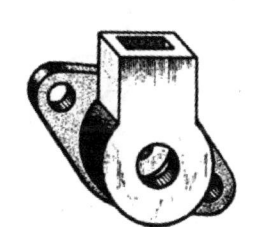

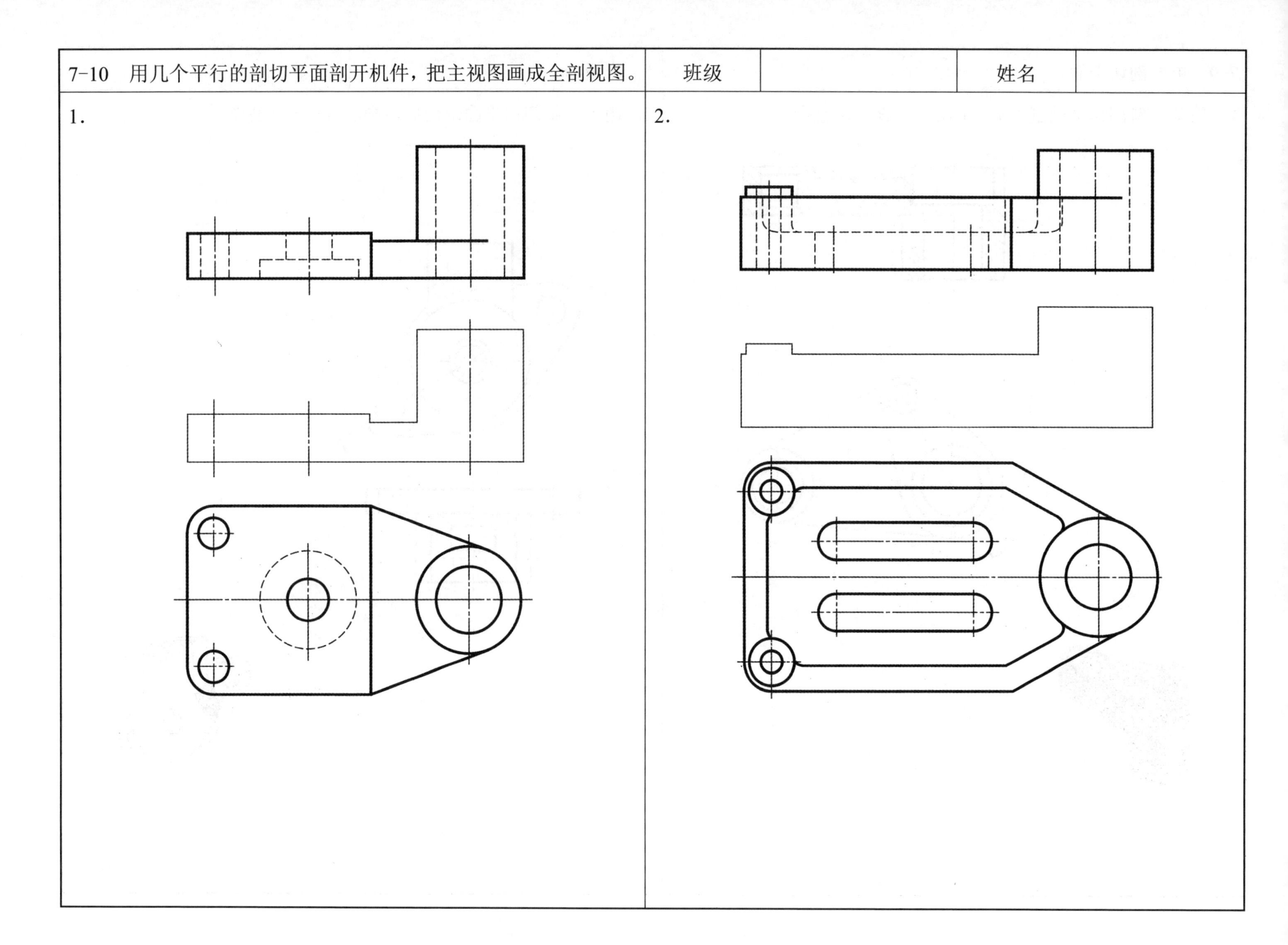

7-10 用几个平行的剖切平面剖开机件，把主视图画成全剖视图。 班级　　　　姓名

1.

2.

7-11 用几个相交的剖切平面剖开机件，把主视图画成全剖视图。 班级　　　　　姓名

1.

2.

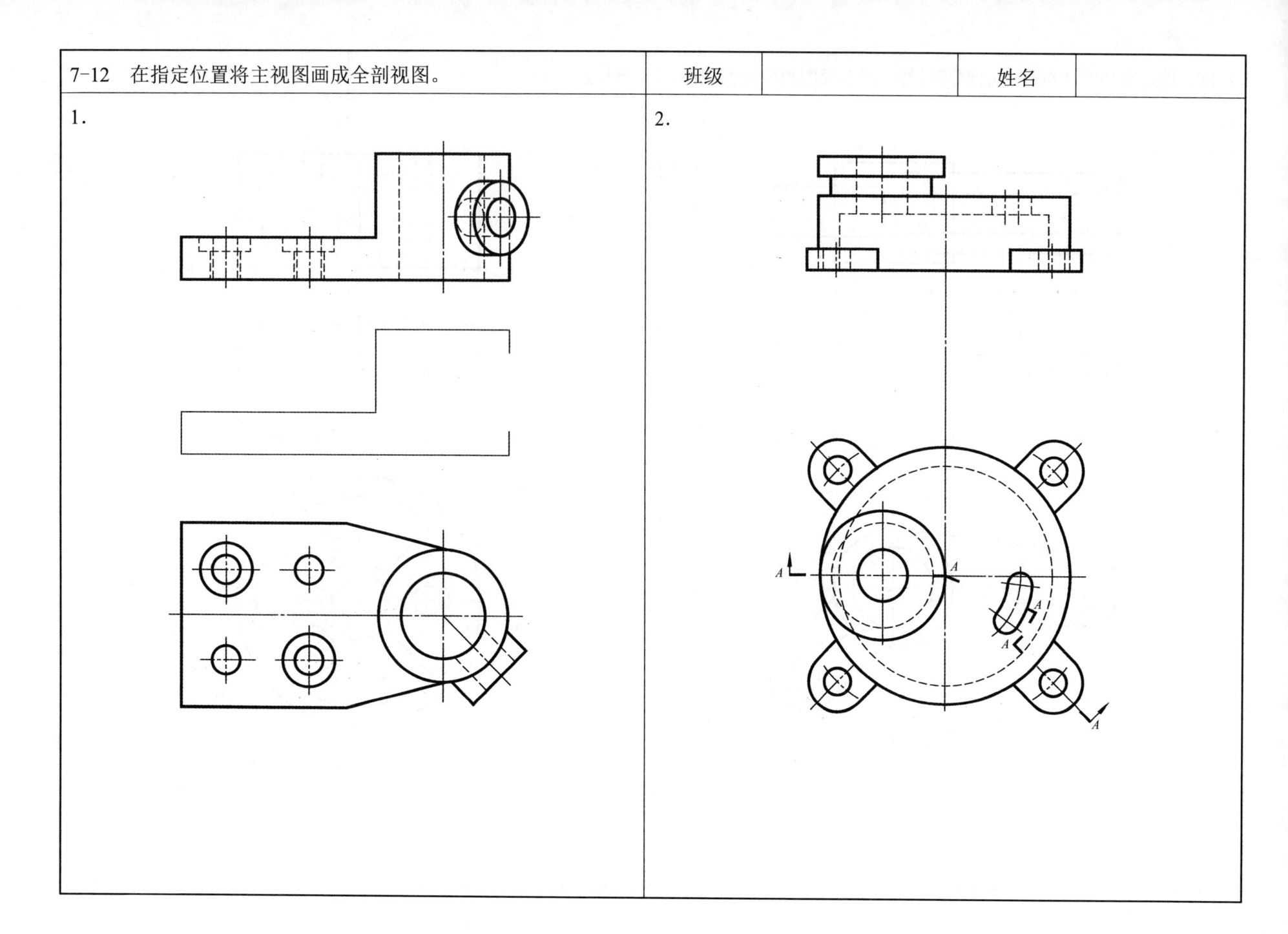

7-12　在指定位置将主视图画成全剖视图。

1.

2.

68

7-13 按箭头所指位置画断面图，并进行标注（左键槽深 4，右键槽深 3.5，均为单面键槽）。

7-14 在指定位置画出移出断面图。　　班级　　　　姓名

1.

2.

7-15　其他表达方法。	班级　　　　　　姓名
1．将剖视图按正确画法画在下边。	2．将主视图在右边画成全剖视图。

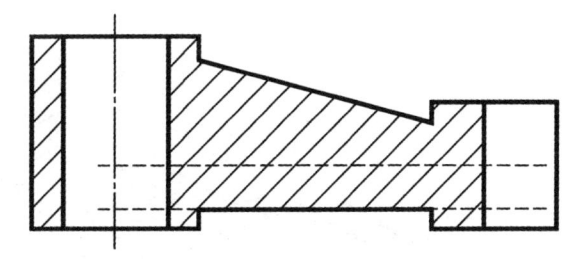

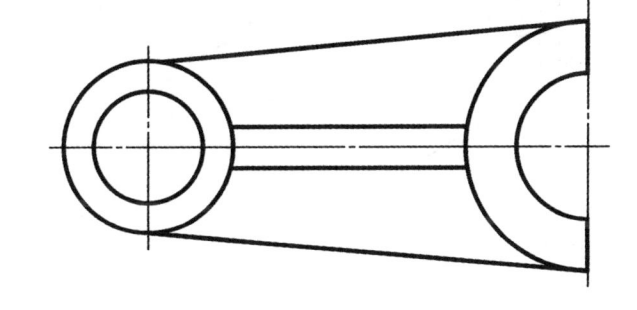

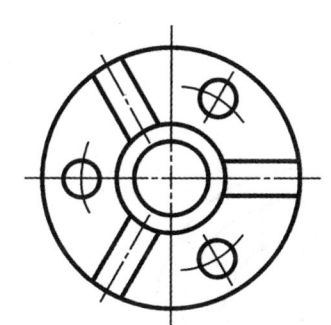

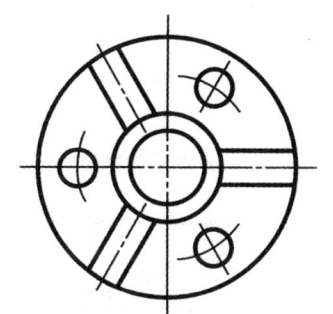

7-16 表达方法综合练习。

1. 根据视图选择合适的表达方法，并标注尺寸。

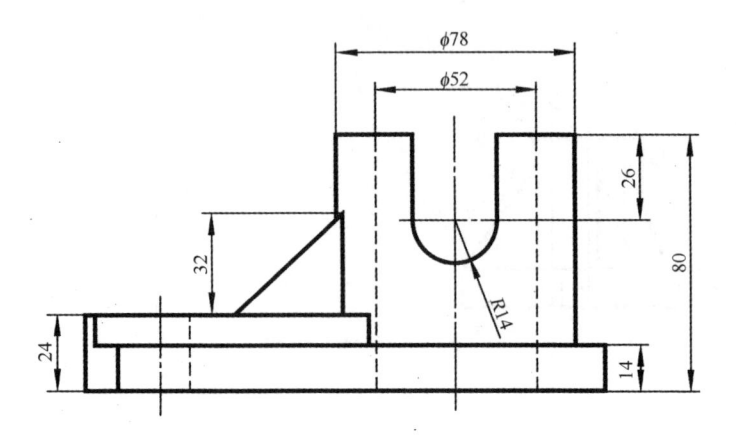

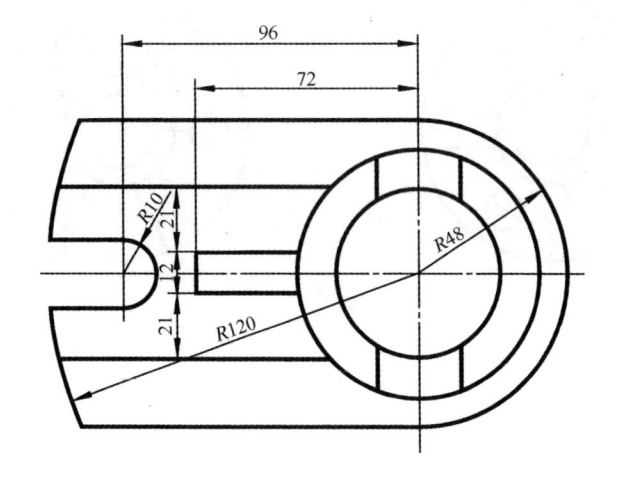

2. 根据轴测图选择合适的表达方法，并标注尺寸。

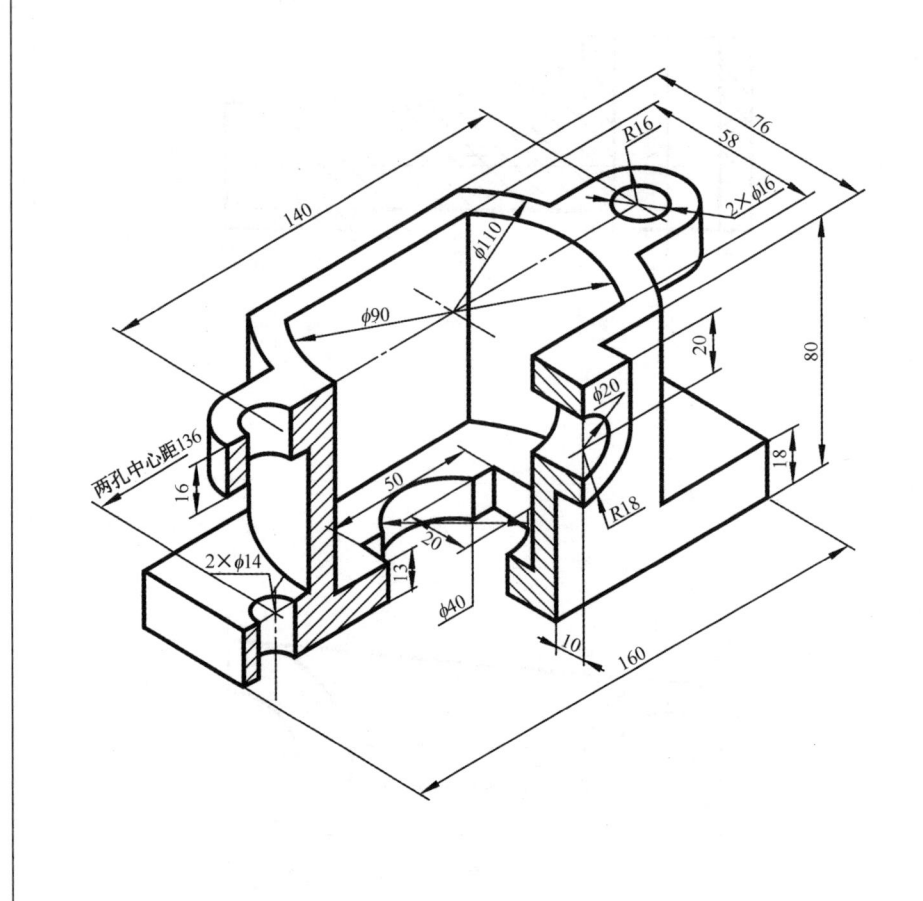

项目八　标准件与常用件

8-1　分析图中的错误，并在指定位置画出正确图形。	班级		姓名	

1.

2.

3.

4.

8-2　分析图中的错误，并在指定位置画出正确图形。　　班级　　　　　姓名

1.

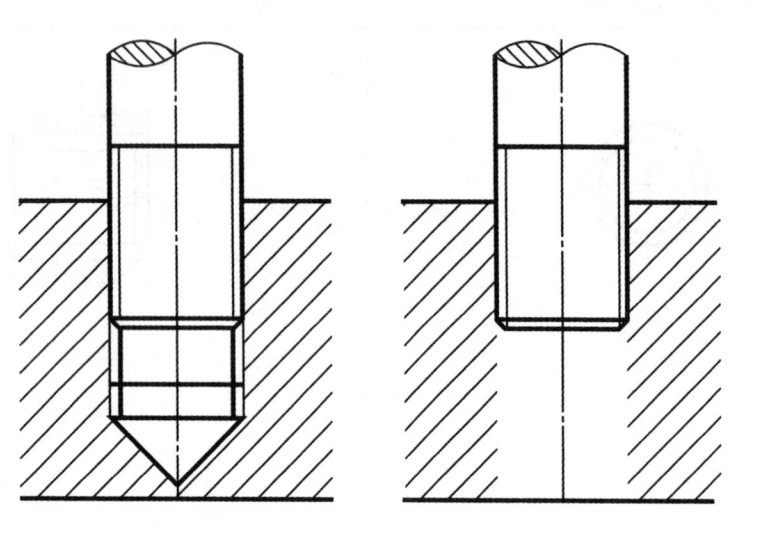

2.

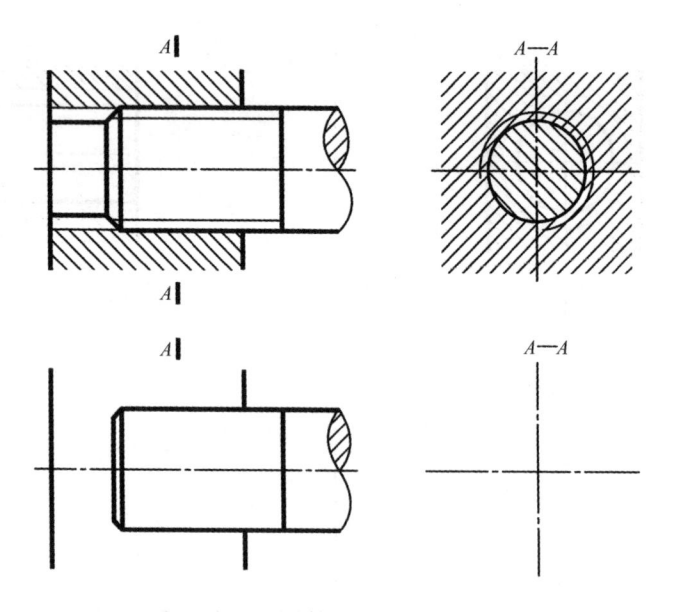

8-3 根据下列给定的螺纹要素，标注螺纹的标记代号。	班级	姓名

1. 粗牙普通螺纹，公称直径为24，螺距为3，单线，右旋，中径、顶径公差带代号为6H，短旋合长度。

2. 细牙普通螺纹，公称直径为30，螺距为2，单线，右旋，中径公差带代号为5g，顶径公差带代号为6g，中等旋合长度。

3. 非螺纹密封的管螺纹，尺寸代号为3/4，公差等级为A级，右旋。

4. 梯形螺纹，公称直径为30，螺距为6，双线，左旋，中径公差带代号为8e，中等旋合长度。

8-4 查表标注下列各标准件的尺寸，并写出规定标记。

班级　　　　　姓名

1. 六角头螺栓—C级：M12，L=45。

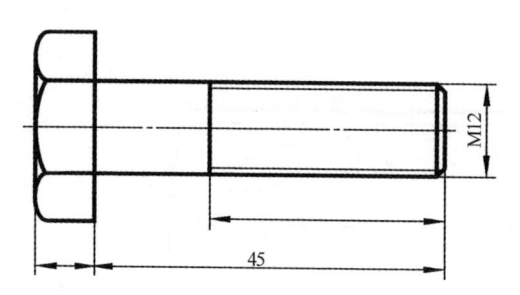

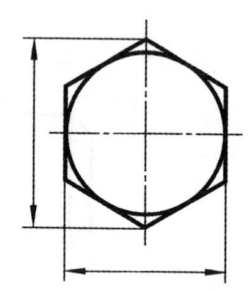

标记：＿＿＿＿

2. I型六角螺母—A级。

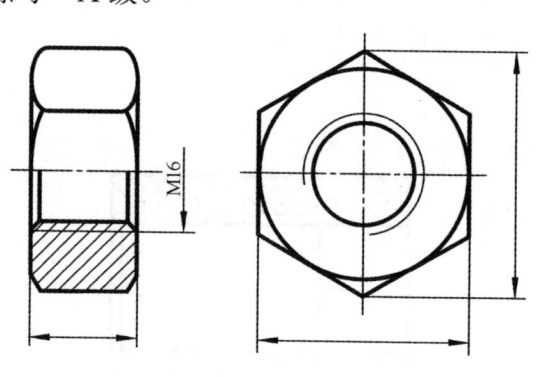

标记：＿＿＿＿

3. 螺柱（B型，b_m=1.25d）：M12，L=45。

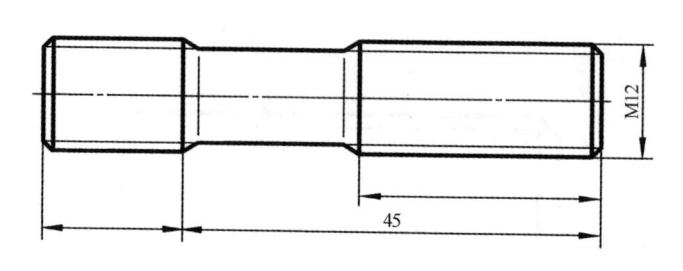

标记：＿＿＿＿

4. 垫圈 倒角型—A级。

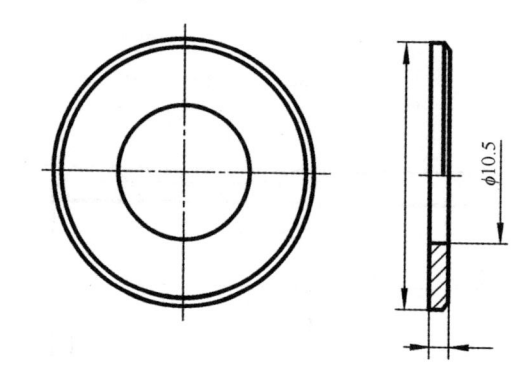

标记：＿＿＿＿

8-5 螺纹紧固件的连接画法。

1．补全螺栓连接三视图中所缺的图线。

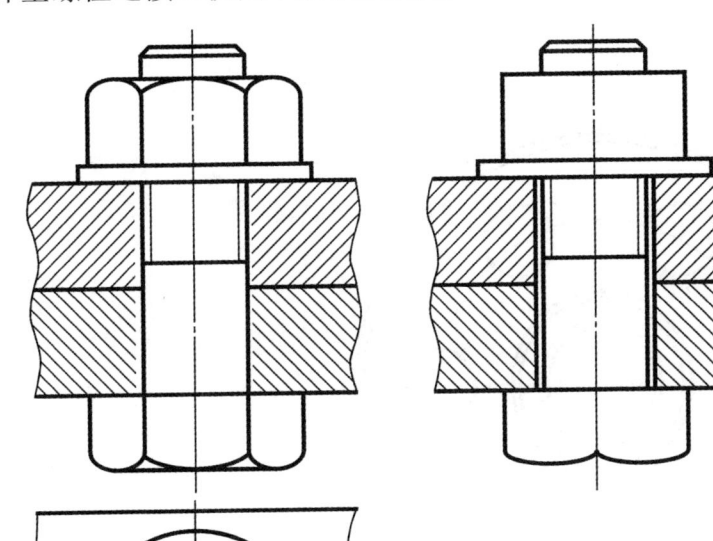

2．分析螺钉连接两视图中的错误（左），在右边完成正确的图形。

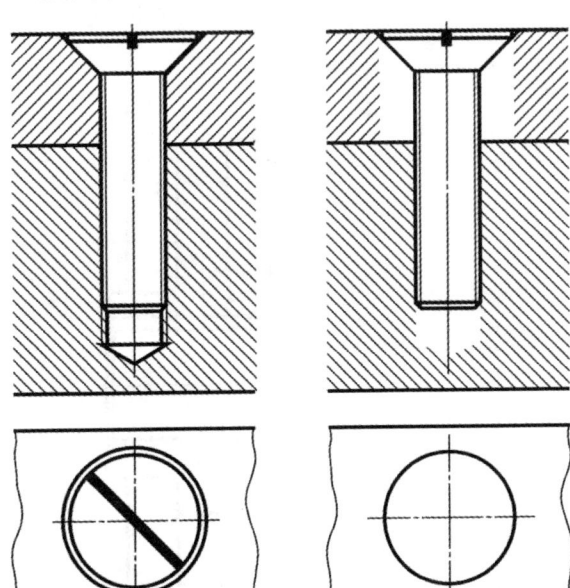

| 8-6 直齿圆柱齿轮画法。 | 班级 | | 姓名 | |

1. 已知直齿圆柱齿轮 $m=5$，$z=40$，轮齿端部倒角 $C2$，试完成齿轮两视图（1：2），并标注尺寸。

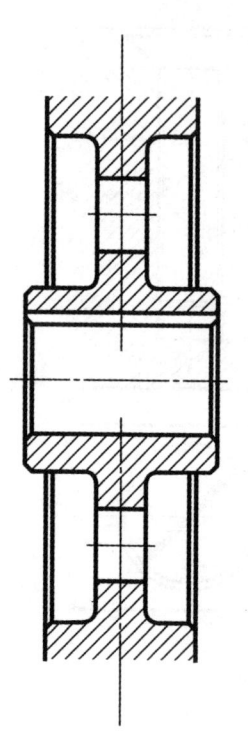

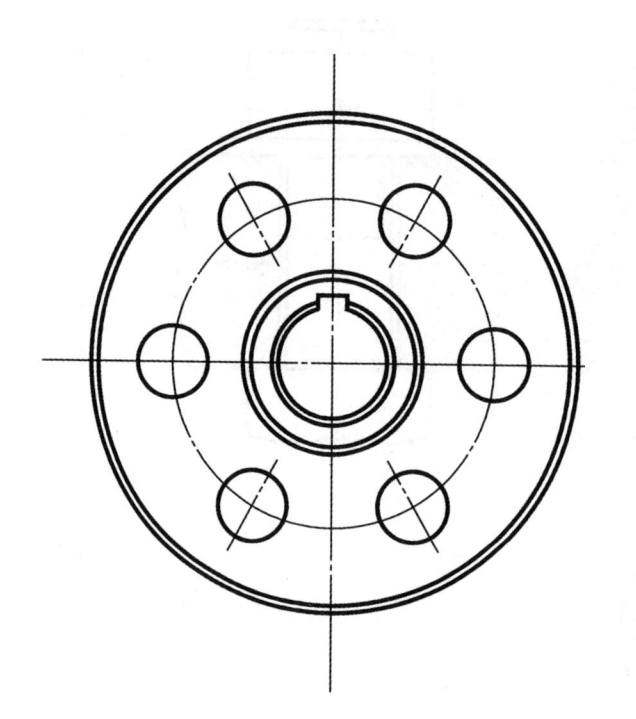

| 8-7 直齿圆柱齿轮啮合画法。 | 班级 | | 姓名 | |

1. 已知一对直齿圆柱齿轮的齿数 z_1=17，z_2=37，中心距 a=54，试计算齿轮的几何尺寸，完成其啮合图。

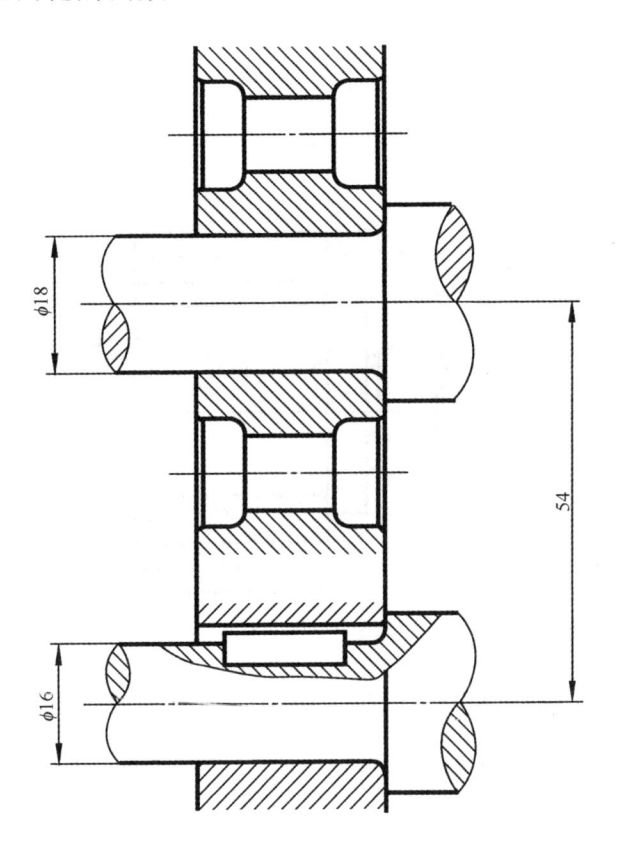

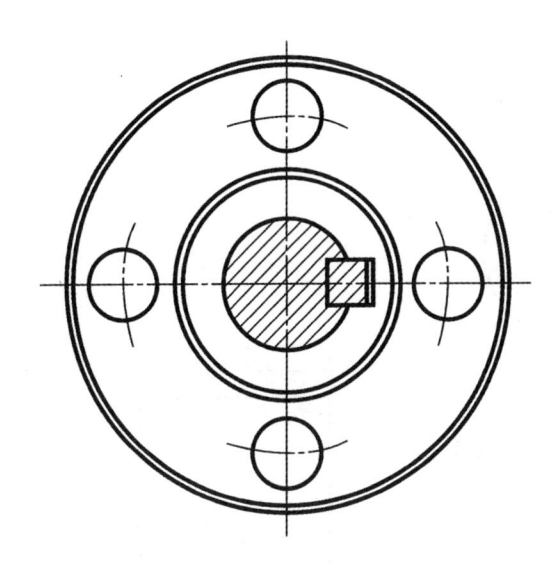

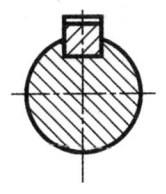

| 8-8 键连接。轴、孔直径为22，键长为22，用 A 型普通平键连接。 | 班级 | | 姓名 | |

1. 按1：1比例完成轴和齿轮的图形，并标注轴、孔及键槽尺寸（查标准）。

2. 完成轴和齿轮用键连接的图形。

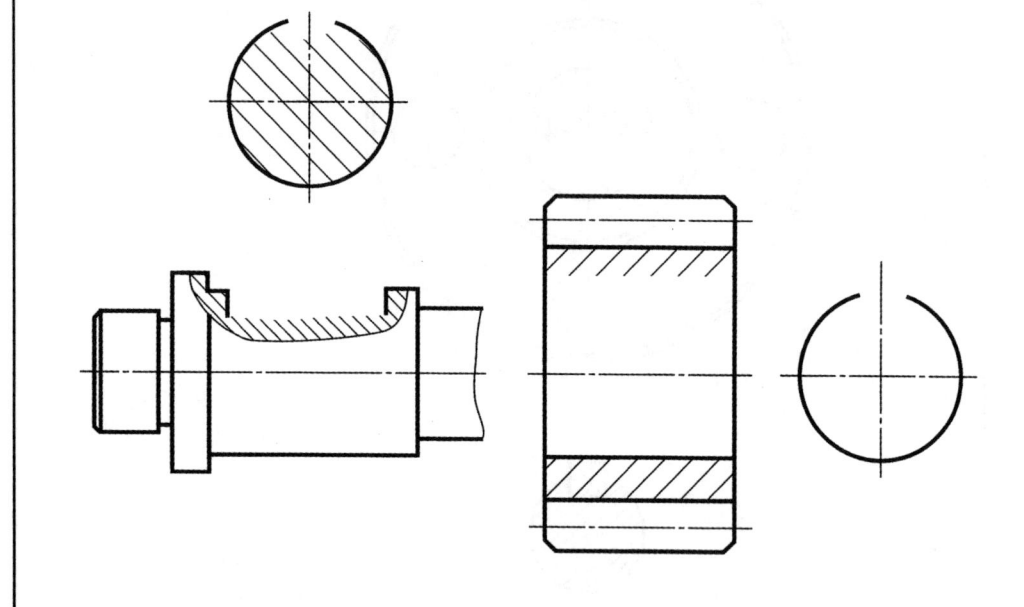

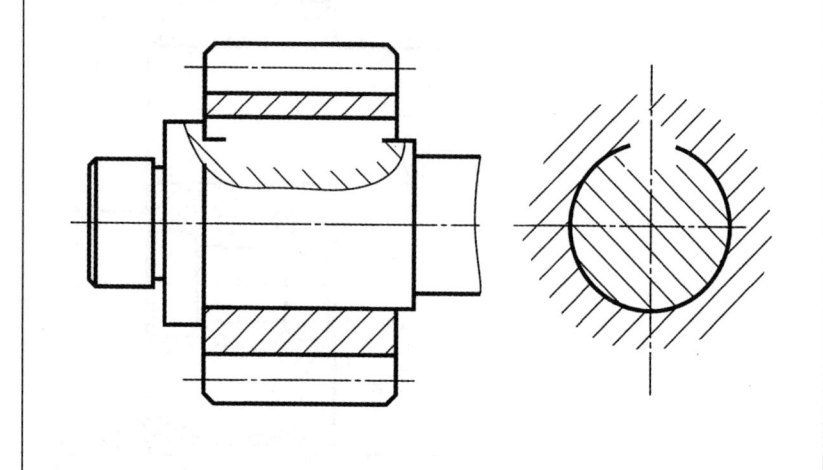

| 8-9 圆柱销、滚动轴承、弹簧的画法。 | | 班级 | | 姓名 | |

1． 齿轮与轴用直径为 10 的圆柱销连接，画出销连接的剖视图，比例为 1∶1，并写出圆柱销的规定标记。

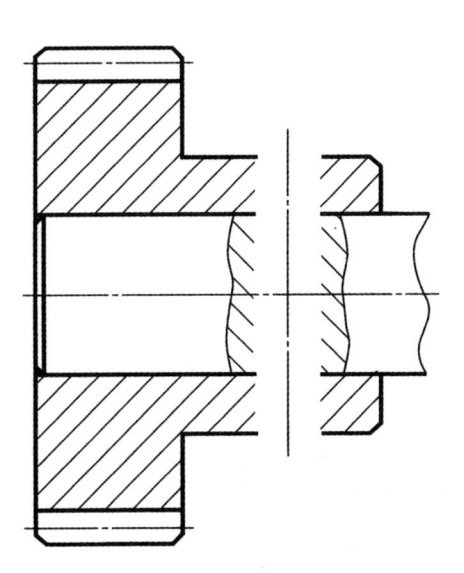

销的规定标记：_____

2．用规定画法画出 6205 轴承（右端面紧靠轴肩）。

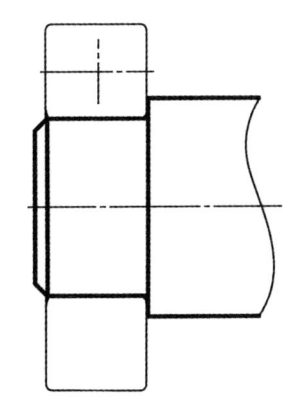

3．用规定画法画出 30205 轴承（右端面紧靠轴肩）。

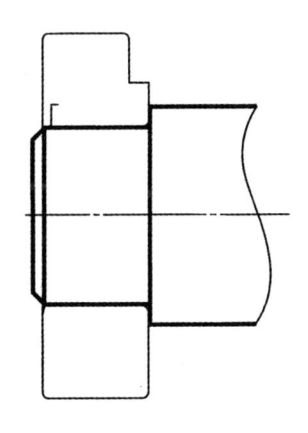

4．已知圆柱螺旋压缩弹簧的簧丝直径为 5，弹簧中径为 40，节距为 10，弹簧自由高度为 76，支承圈数 n_2＝2.5，右旋。试画出弹簧的全剖视图，比例 1∶1。

项目九 零件图

9-1 根据轴测图画零件图，并标注尺寸，比例 1∶1。	班级		姓名	

可根据教学进度分阶段完成。

9-2 比较摇臂座的两个表达方案，并填空。

方案一：
共用_____个视图表达，其中表示零件外形的是_____视图、_____视图、_____图和_____图。

A—A 剖视表示中间_____的内部形状，C—C 剖视表示右上部_____的内部形状，D—D 剖视表示_____的形状。

经过与方案二比较后，试分析表达该零件的八个视图中，哪些视图是可以省略的？

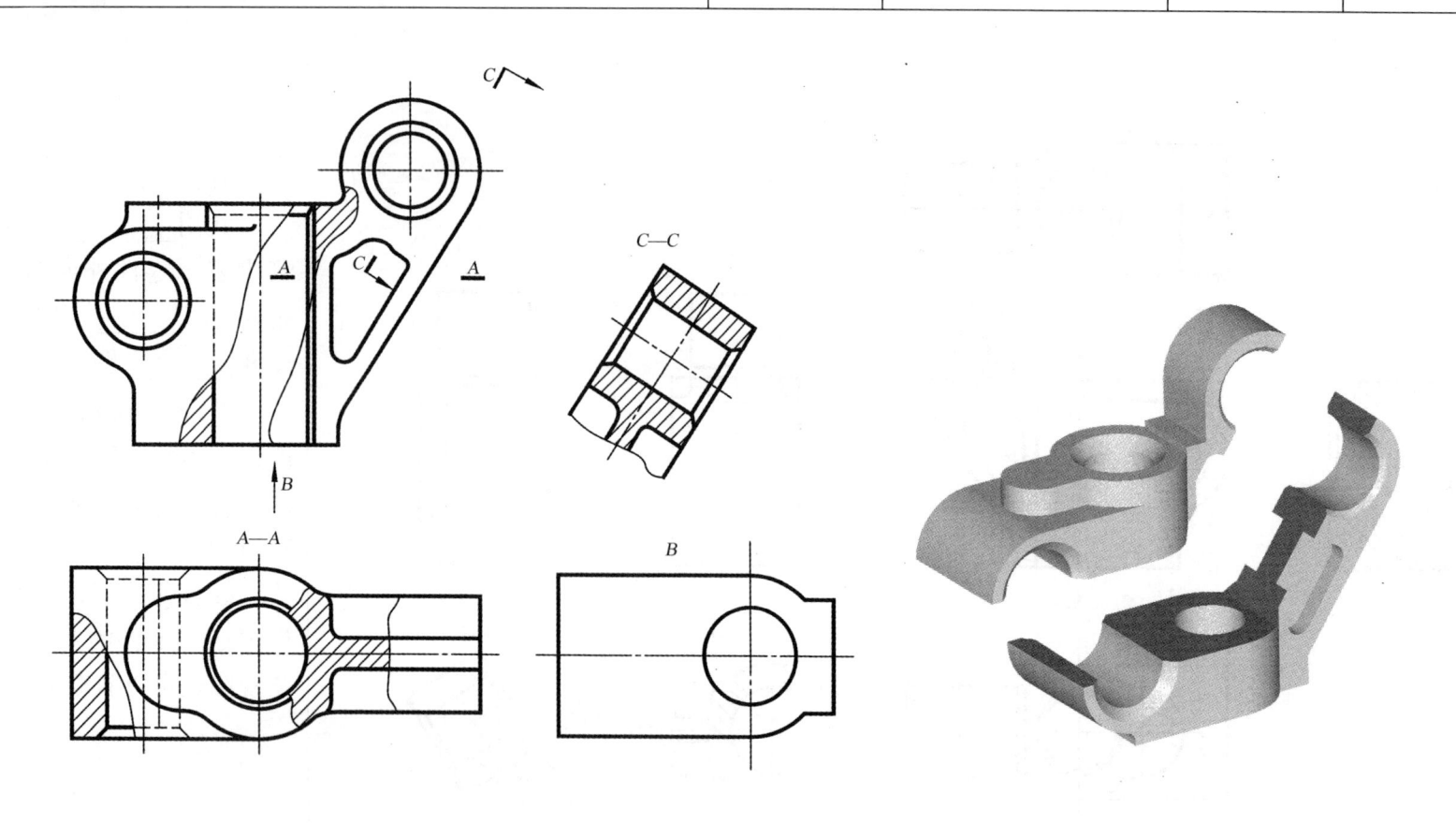

9-2　比较摇臂座的两个表达方案，并填空。　　班级　　　　姓名

方案二：共用_____个视图表达。主视图主要表示零件的外形，并采用_____剖视图表示中间通孔的形状；俯视图上两处局部剖视图分别表示_____和_____的局部形状；C—C 剖视表示_____的内部形状，B 向局部视图表示_____的外形。
试分析比较两个表达方案的优缺点。

| 9–3 零件图的尺寸标注。 | 班级 | | 姓名 | |

根据尺寸标注的要求，选择恰当的尺寸基准，标注尺寸，尺寸数字按 1∶1 的比例从图中量取并取整数。

1.

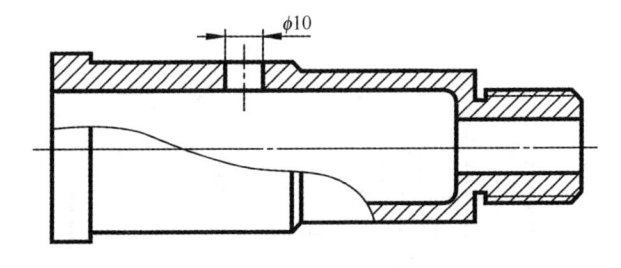

2.

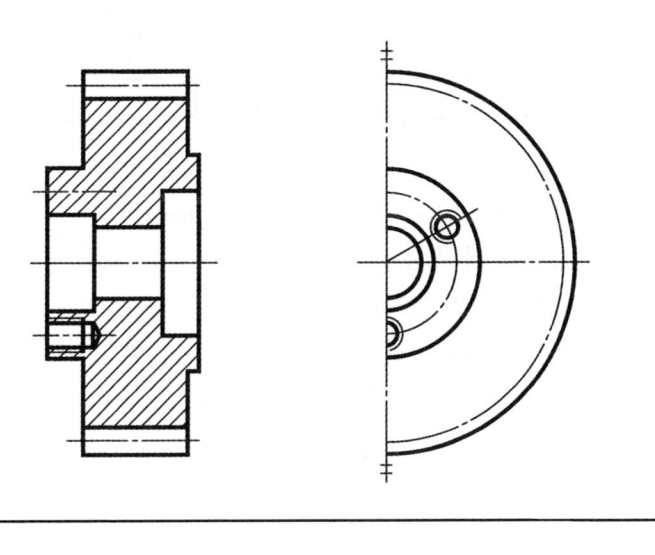

3.

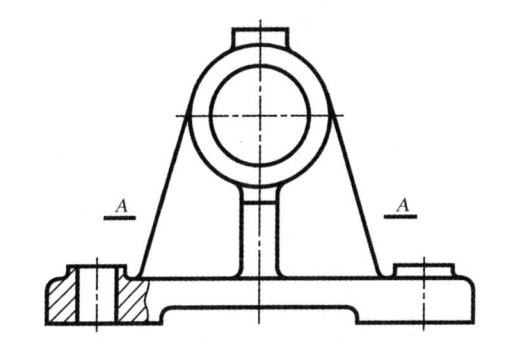

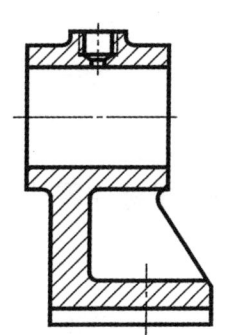

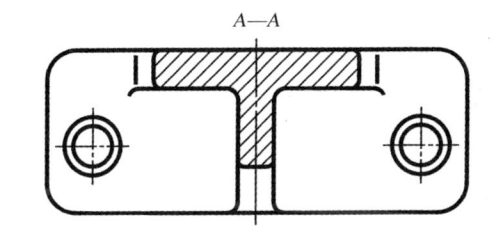

9-4 标注表面粗糙度代号（参数 Ra 的数值均为上限值，单位为 μm，下同）。

| 班级 | | 姓名 | |

1. 在下图的各个表面上均标注同一粗糙度代号（上表面 Ra 为 3.2μm，下表面 Ra 为 6.3μm，其余表面 Ra 为 12.5μm）。

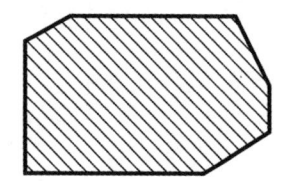

2. 按要求标注零件表面的粗糙度代号。

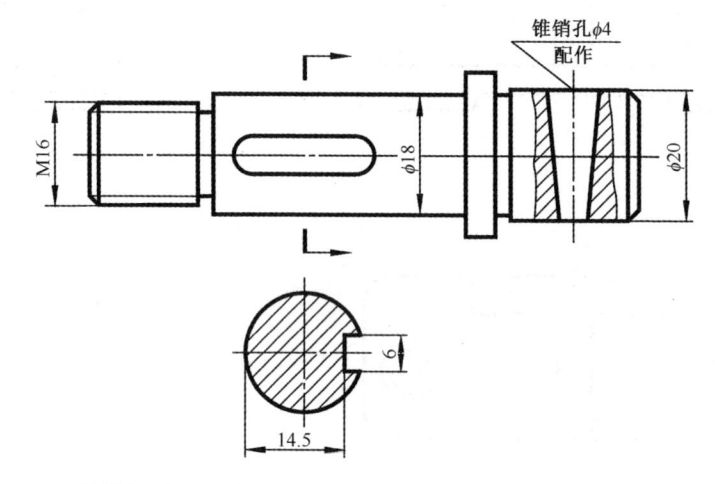

（1）ϕ20、ϕ18 圆柱面 Ra 为 1.6μm。
（2）M16 螺纹工作表面 Ra 为 3.2μm。
（3）锥销孔内表面 Ra 为 3.2μm。
（4）键槽两侧面 Ra 为 3.2μm；键槽底面 Ra 为 6.3μm。
（5）其余表面 Ra 为 12.5μm。

3. 按要求标注零件表面的粗糙度代号。

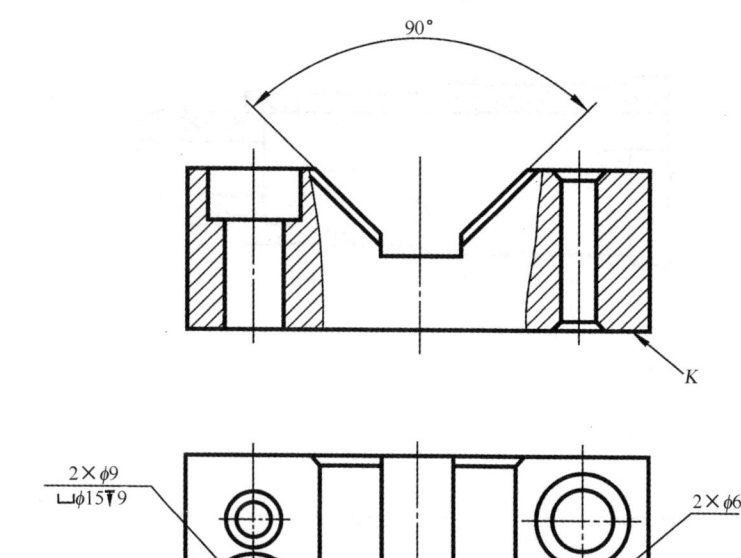

（1）90°V 形槽两工作面的 Ra 值为 0.8μm。
（2）底面 K 的 Ra 值为 1.6μm。
（3）两个 ϕ6 销孔，Ra 值为 3.2μm。
（4）两组沉孔各表面的 Ra 值为 25μm。
（5）其余表面的 Ra 值为 12.5μm。

9-5 极限与配合。　　班级　　　　姓名

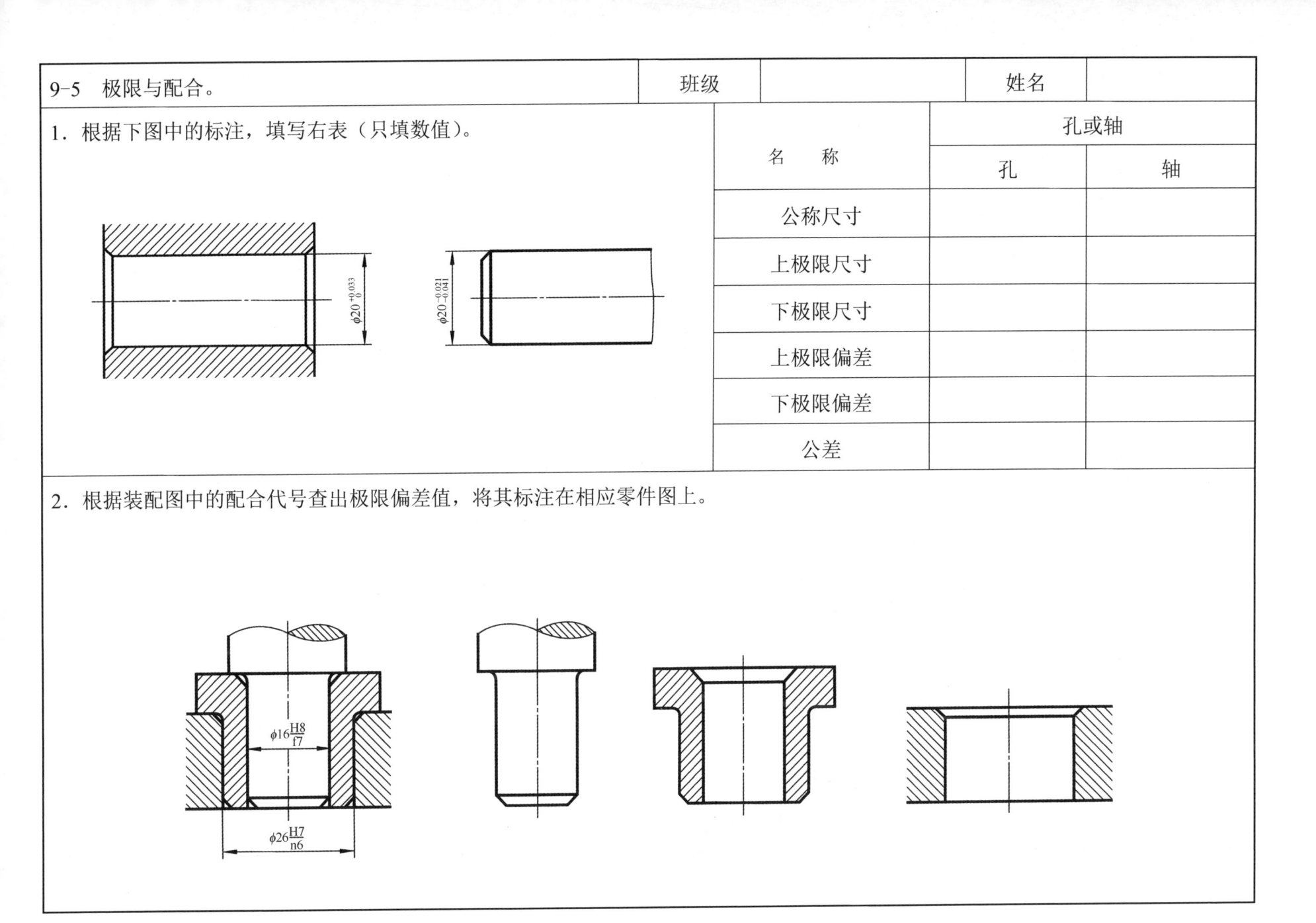

1. 根据下图中的标注，填写右表（只填数值）。

名　称	孔或轴	
	孔	轴
公称尺寸	20	20
上极限尺寸	20.033	19.979
下极限尺寸	20	19.959
上极限偏差	+0.033	−0.021
下极限偏差	0	−0.041
公差	0.033	0.020

2. 根据装配图中的配合代号查出极限偏差值，将其标注在相应零件图上。

9-6 说明几何公差的含义。

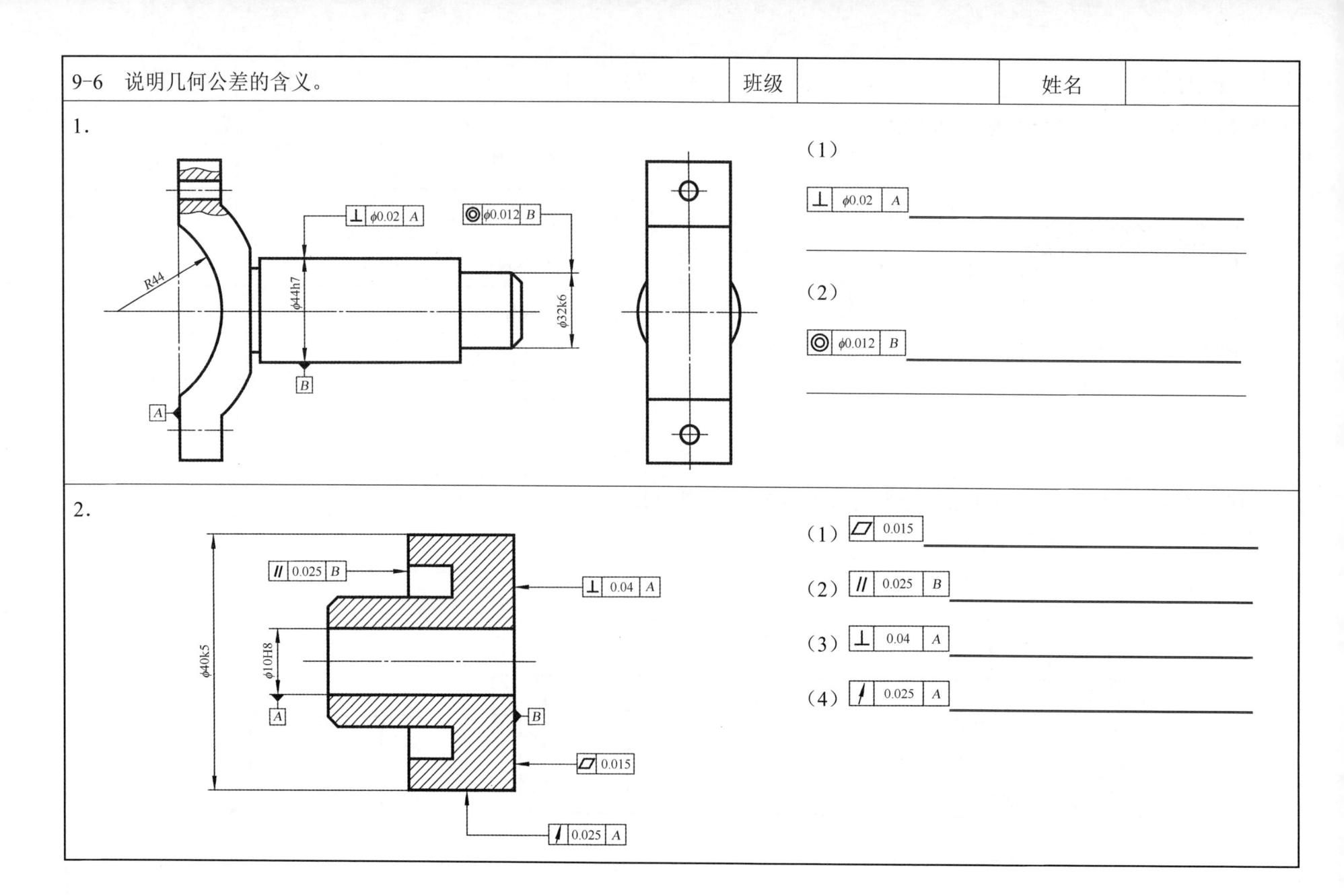

1.

(1) ⊥ | φ0.02 | A

(2) ◎ | φ0.012 | B

2.

(1) ⌗ | 0.015

(2) ∥ | 0.025 | B

(3) ⊥ | 0.04 | A

(4) ↗ | 0.025 | A

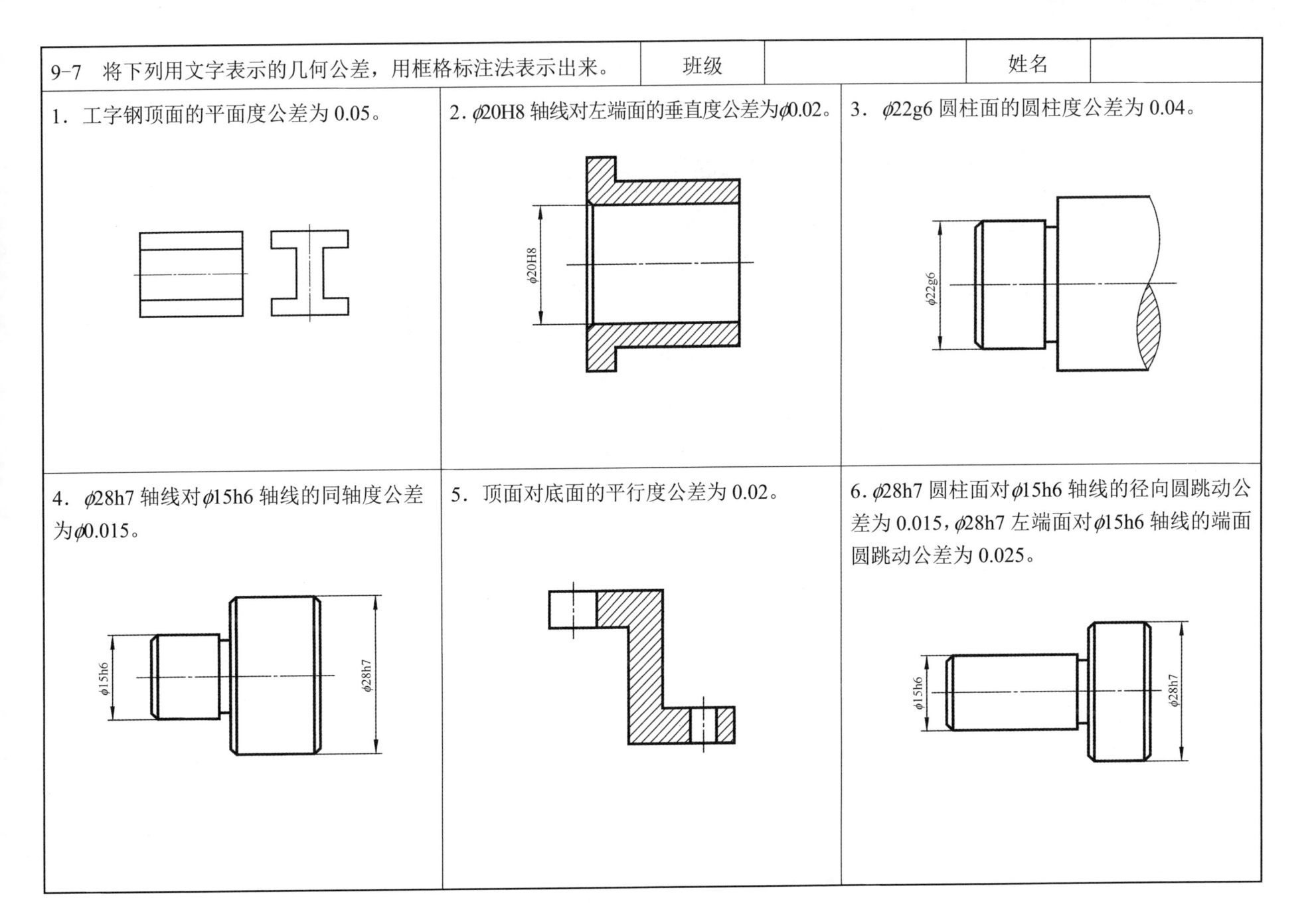

9-7 将下列用文字表示的几何公差，用框格标注法表示出来。　班级　　　　　姓名

1. 工字钢顶面的平面度公差为0.05。

2. φ20H8轴线对左端面的垂直度公差为φ0.02。

3. φ22g6圆柱面的圆柱度公差为0.04。

4. φ28h7轴线对φ15h6轴线的同轴度公差为φ0.015。

5. 顶面对底面的平行度公差为0.02。

6. φ28h7圆柱面对φ15h6轴线的径向圆跳动公差为0.015，φ28h7左端面对φ15h6轴线的端面圆跳动公差为0.025。

9-8 读轴的零件图。

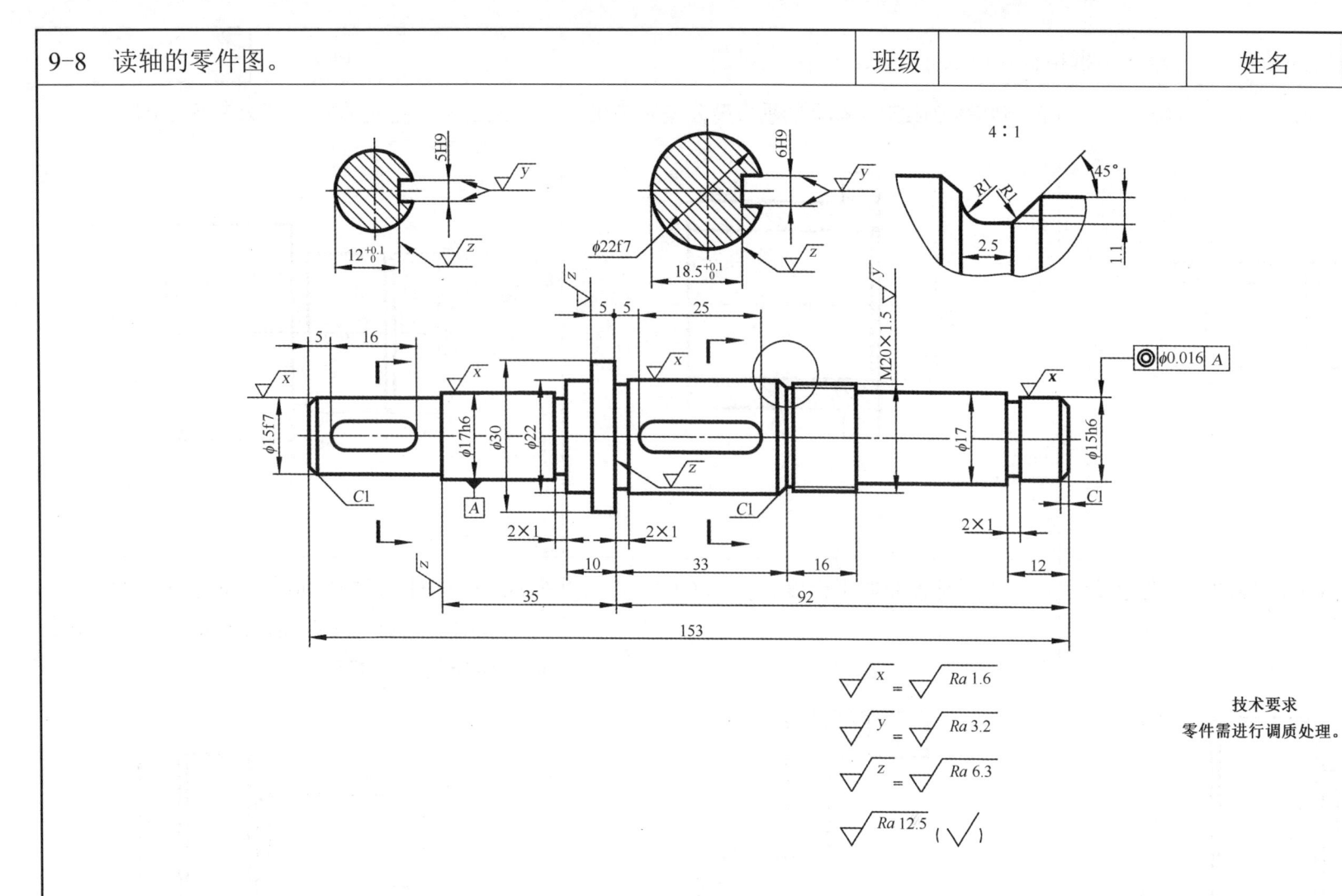

9-9 读套筒的零件图。

技术要求
1. 锐边倒钝。
2. 未注倒角C2。
3. 所有螺孔倒角皆为C1。

套 筒	比例	材料	图号
	1:2	45	
制图			
审核			

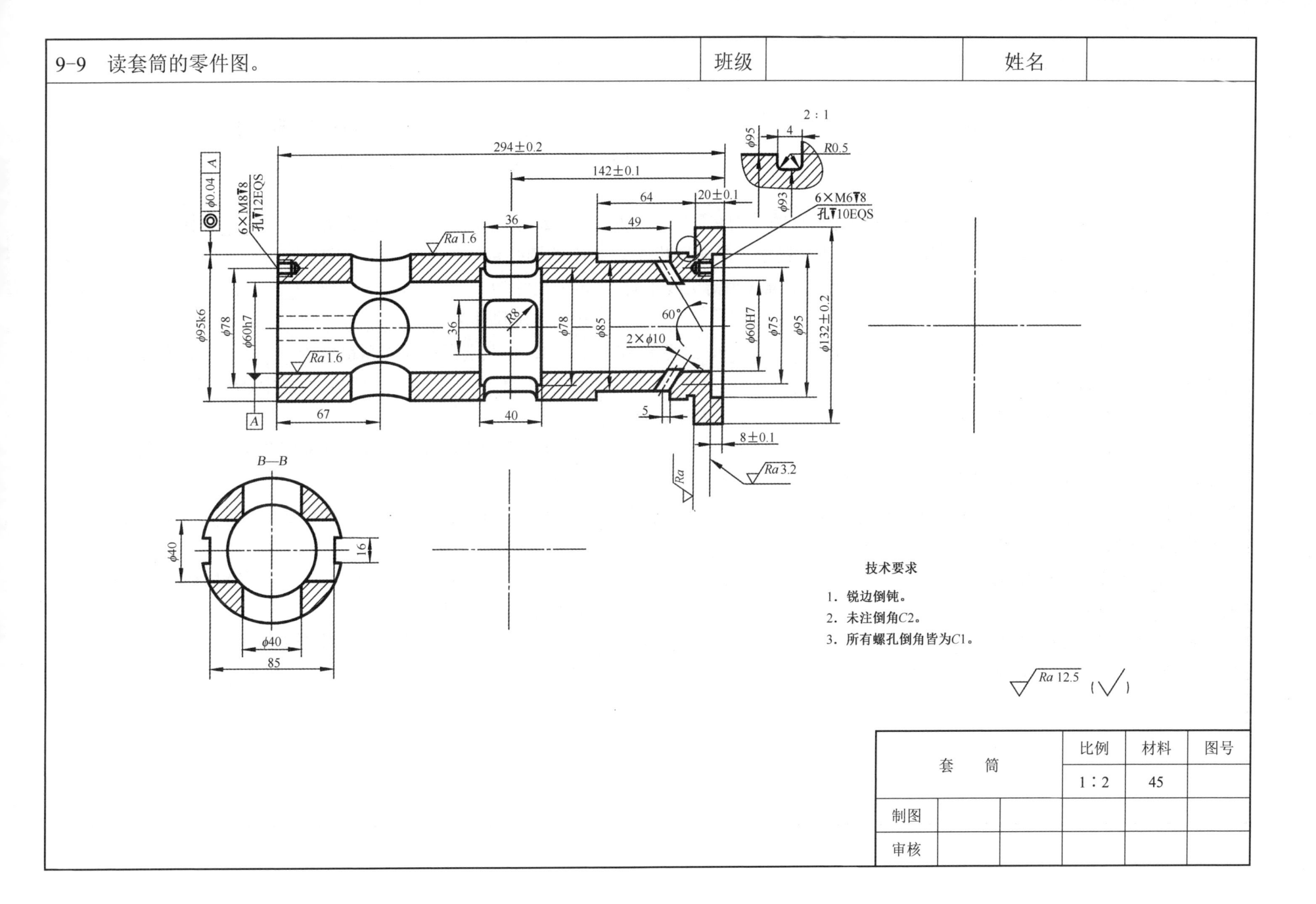

9-10　读零件图，回答问题。　　　　班级　　　　　　姓名

读轴零件图（题9-8）

1. 该零件属于＿＿＿＿类零件，材料为＿＿＿＿，绘图比例＿＿＿＿。

2. 该零件图采用＿＿＿＿个基本视图表达零件的结构和形状，此外采用＿＿＿＿表达退刀槽结构；采用＿＿＿＿表达键槽处断面形状。

3. 在图中注明径向尺寸基准和轴向主要尺寸基准（用箭头线指明，引出标注）。

4. 说明 $\phi 15f7$ 的含义：$\phi 15$ 为＿＿＿＿，f7 是＿＿＿＿，如将 $\phi 15f7$ 写成有上下偏差的形式，注法是＿＿＿＿。

5. 说明图中形位公差框格的含义：符号◎表示＿＿＿＿，数字 $\phi 0.016$ 是＿＿＿＿，A 是＿＿＿＿。

6. 轴零件图中表面粗糙度要求最高的是＿＿＿＿，共有＿＿＿＿处；要求最低的是＿＿＿＿。键槽两侧面的 Ra 为＿＿＿＿μm，$\phi 17h6$ 圆柱面的 Ra 为＿＿＿＿μm，轴左、右端面的 Ra 为＿＿＿＿μm。

7. 指出图中的工艺结构：它有＿＿＿＿处倒角，其尺寸为＿＿＿＿，有＿＿＿＿处退刀槽，其尺寸为＿＿＿＿。

8. 位于中部的键槽长度为＿＿＿＿，宽度为＿＿＿＿，长度方向定位尺寸为＿＿＿＿，注出 $18.5^{+0.1}_{0}$ 是便于＿＿＿＿。

读套筒零件图（题9-9）

1. 轴向主要尺寸基准是＿＿＿＿，径向主要尺寸基准是＿＿＿＿。

2. 图中两条虚线间的距离为＿＿＿＿；图中距离左端面 67 的圆孔直径为＿＿＿＿；图中距离右端面 142 的线框，其定形尺寸为＿＿＿＿，定位尺寸为＿＿＿＿；靠右端的 $2\times\phi 10$ 孔的定位尺寸为＿＿＿＿。

3. 最左端面的表面粗糙度为＿＿＿＿，最右端面的表面粗糙度为＿＿＿＿；局部放大图中 $\phi 95$ 的表面粗糙度是＿＿＿＿。

4. 图中距离左端面 67 的曲线是由＿＿＿＿与＿＿＿＿相交形成的。

5. 外圆面 $\phi 132\pm 0.2$ 最大可加工成＿＿＿＿，最小可加工成＿＿＿＿，公差为＿＿＿＿。

6. 补画左视图；在指定位置补画移出断面图；补画 B—B 断面的剖切符号。

7. ◎|$\phi 0.04$|A|的含义是：被测要素为＿＿＿＿，基准要素为＿＿＿＿，此为＿＿＿＿公差，其值为＿＿＿＿。

9-11 读拨叉的零件图。

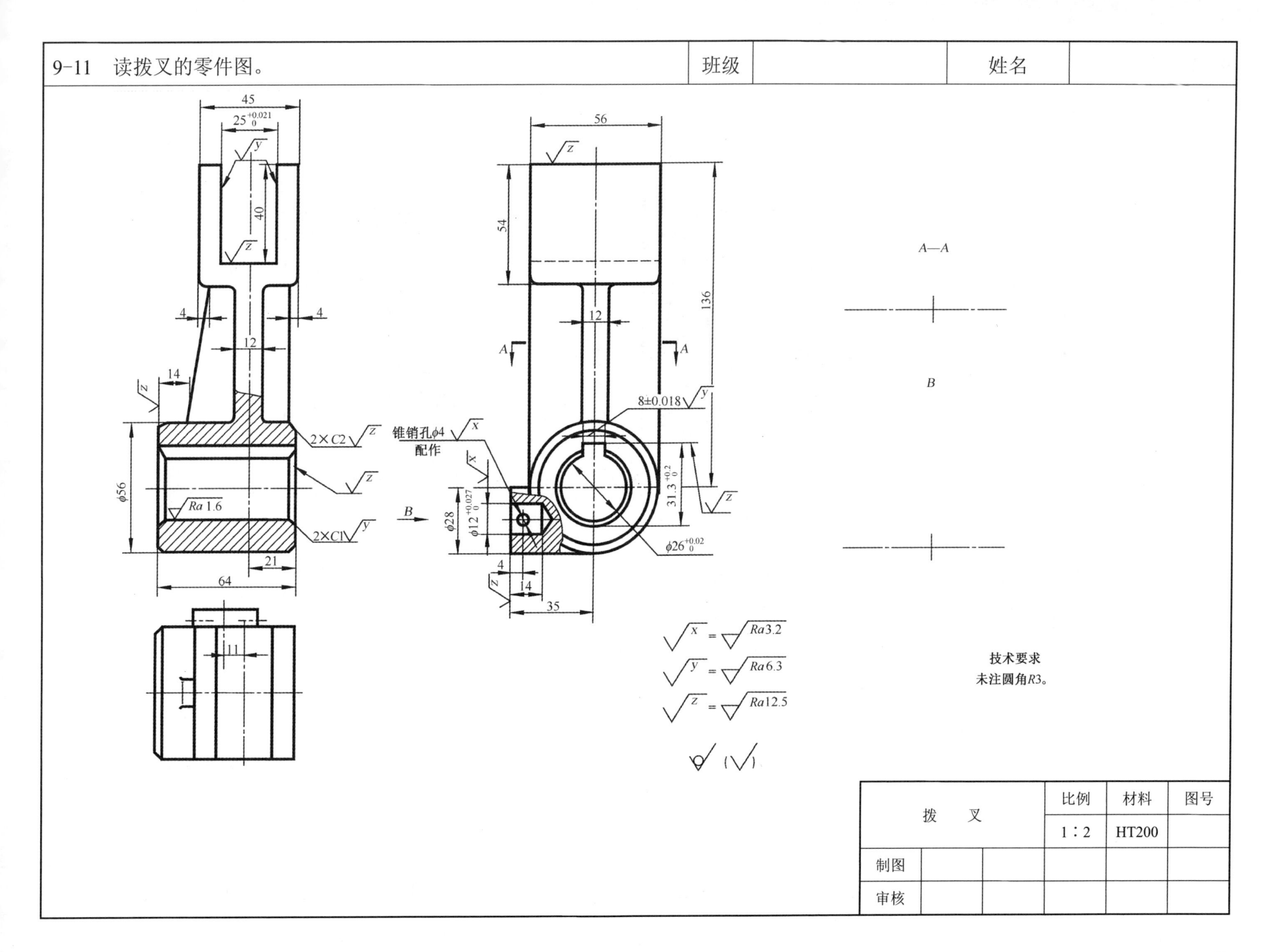

9-12 读底座的零件图。

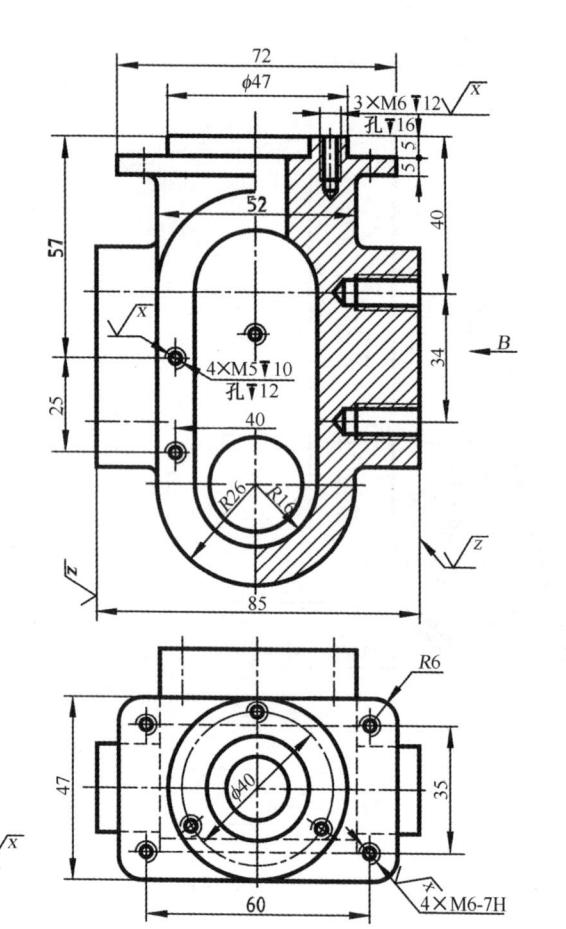

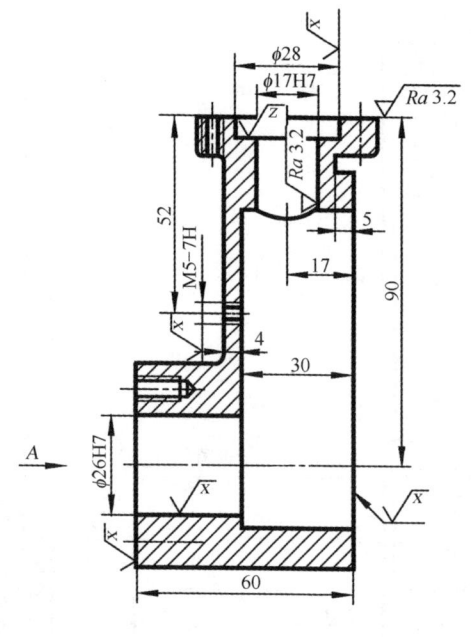

9-13 读零件图，回答问题。　　　　　　　　班级　　　　　　　姓名

读拨叉零件图（题 9-11）

1. 根据零件名称和结构形状，此零件属于_____类零件。
2. 拨叉的结构由_____部分、_____部分和_____部分组成。
3. 在图中指出长度、宽度、高度方向的主要尺寸基准（用箭头线指明，引出标注）。
4. 说明下列尺寸属于哪种类型（定形、定位）尺寸。136 是_____尺寸；21 是_____尺寸；40 是_____尺寸；64 是_____尺寸；$\phi 25^{+0.021}_{\ 0}$ 是_____尺寸。
5. 8±0.018 的最大极限尺寸为_____，最小极限尺寸为_____，公差为_____。
6. 拨叉零件图中表面粗糙度要求最高的是_____；要求最低的是_____。
7. 零件上标注的"配作"的含义是_____。
8. 画 A—A 断面图，在指定位置补画 B 向局部视图。

读底座零件图（题 9-12）

1. 零件图上共用了_____个图形表达，主视图为_____剖视，左视图为_____剖视，A、B 视图均为_____视图；采用比例为_____，属于_____比例；所用材料是_____，该零件毛坯为_____，要求该零件毛坯不得有_____等缺陷，起模斜度为_____。
2. 在图中指出长度、宽度、高度方向的主要尺寸基准（用箭头线指明，引出标注）。主视图上有_____个定位尺寸，左视图上有_____个定位尺寸，俯视图上有_____个定位尺寸。
3. 底座零件图中表面粗糙度要求最高的表面的 Ra 上限值为_____，有_____处。
4. A 向视图上的 $\dfrac{4 \times M4 \downarrow 10}{孔 \downarrow 12}$ 表示：_____孔，螺孔深为_____，钻孔深为_____。
5. 底座零件图上共有螺孔_____个。

95

项目十　装配图

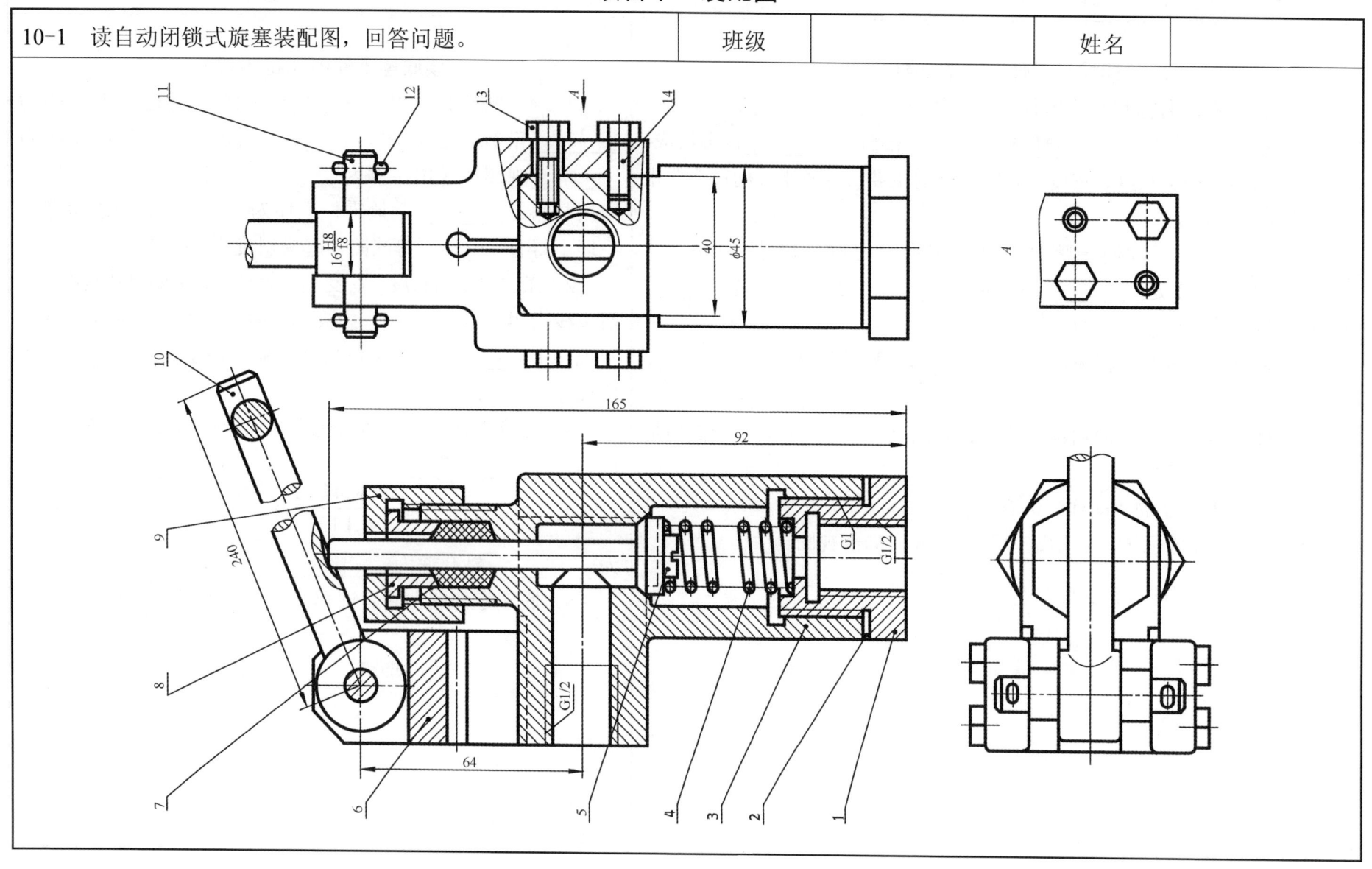

10-1　读自动闭锁式旋塞装配图，回答问题。

1. 装配图由_____个视图组成，分别为_____、_____、_____和_____。_____视图反映了旋塞的工作原理。

2. 采用 A 向视图的目的是表示_____。

3. 件 6 与件 10 是_____制_____配合。件 11 两端是_____连接。件 14 起_____作用。件 5 由件_____带动作_____运动。图中所示的该装配体为_____状态。

4. G1/2 是_____尺寸，它的含义是_____。

5. 另用图纸画出件 3 的主视图（只画外形，不画虚线）。按图形实际大小以 1∶1 的比例画图，不注尺寸。

14	GB/T 119.1—2000	圆柱销 6m6×20	4		
13	GB/T 5780—2016	螺栓 M8×25	4		
12	GB/T 91—2000	开口销 3.2×14	2		
11		轴	1	45	
10		杠杆	1	35	
9		填料压盖螺母	1	30	
8		填料压盖	1	30	
7		填料	1	橡胶	
6		托架	1	35	
5		阀杆	1	45	
4		弹簧	1	II组钢丝	
3		阀座	1	HT200	
2		衬片	1	皮革	
1		六角螺塞	1	30	
序号	代号	名称	数量	材料	备注

			比例		材料
			1∶1		
制图				数量	
设计		自动闭锁式旋塞	质量	
审核			共 张 第 张	

10-2 读柱塞泵装配图，回答问题。

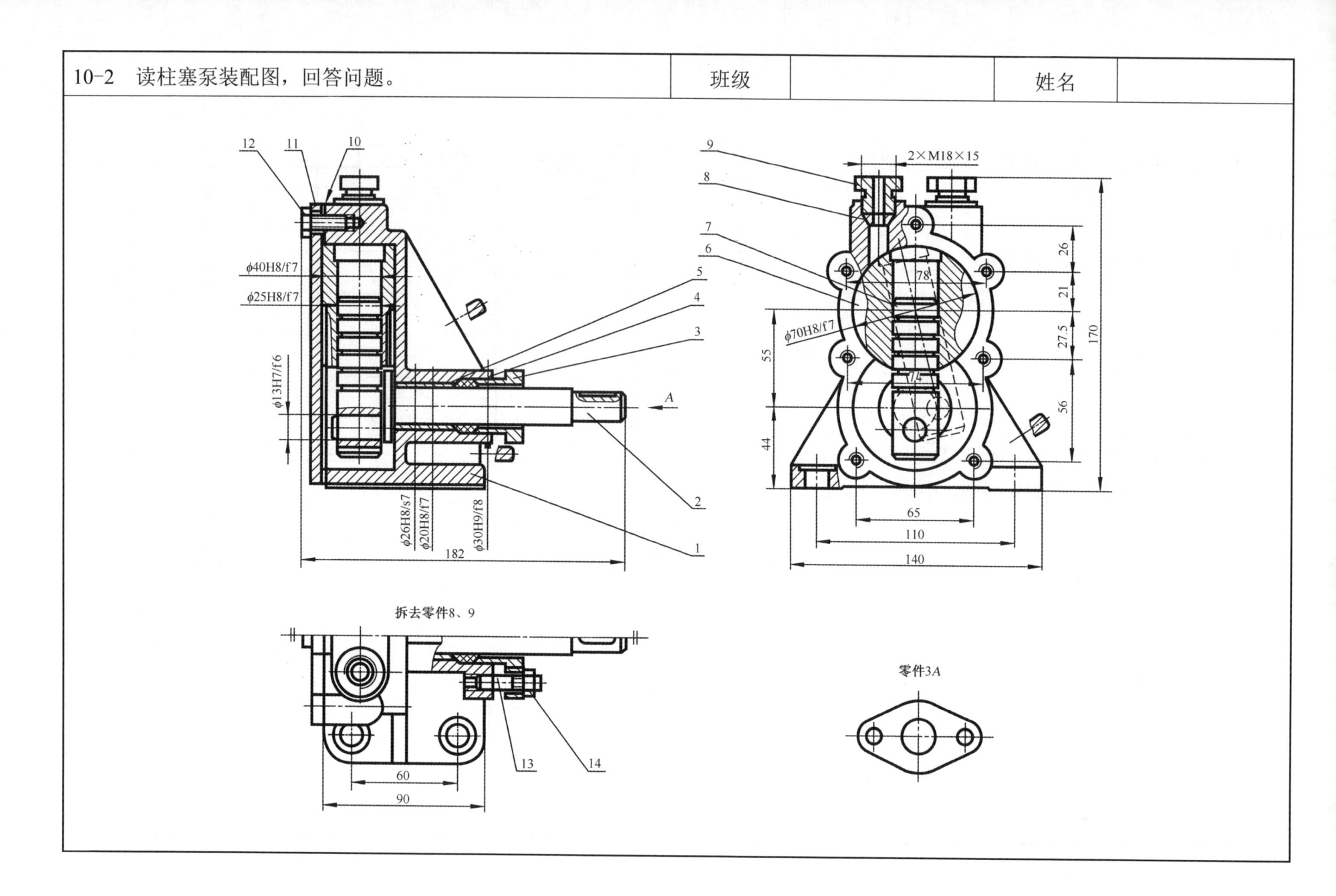

1. 柱塞泵主视图采用_____剖视，左视图采用_____处剖视，主视图下方的图为_____视图，采用_____剖视、_____画法和_____画法。

2. 该装配图中有_____处配合尺寸，尺寸 182、170、140 属于_____尺寸，尺寸 110、60 属于_____尺寸，尺寸 44、55 属于_____尺寸。

3. 左视图中用细双点画线画出了_____和_____摆动的一个极限位置。

4. 件 11 侧盖与件 1 泵体用_____个_____连接。

5. 件 3 填料压盖与件 1 泵体用_____连接，用来压紧件 4 填料。填料起_____作用。

6. 件 1 泵体上设置了_____条肋板，用来增加强度。在主、左视图中分别用_____图来表达肋板的_____形状。

7. 件 9 管接头的顶部为_____形。

8. 解释 $\phi 25H8/f7$ 的含义：$\phi 25$ 是_____，H 是_____，f 是_____，8、7 是_____，该配合属于_____制_____配合。

9. 试述柱塞泵的拆卸过程。

10. 画出件 2 曲轴的零件图，要求表达完整（尺寸从图中量取），并注出该零件在装配图中已有的尺寸。

柱塞泵工作原理

偏心柱塞泵是一种液压部件，一般安装在右路中作为动力源。当曲轴 2 转动时，曲轴的偏心销带动柱塞 7 作往复运动。柱塞 7 装在圆盘 6 中，而圆盘 6 又装在泵体 1 的内腔中。由于曲轴上偏心销的作用，柱塞还带动圆盘作一定角度的摆动。当偏心销顺时针转动时，柱塞从最高位置向下运动，其顶部空间逐渐增大，形成负压，液体从后面的管接头被吸入圆盘的内腔中，柱塞运动到最低位置时，被吸入液体达到最大量；当柱塞由低处往高处运动时，由于柱塞顶部空间被缩小，压力增大，液体从前面的管接头排出，柱塞运动到最高位置时，被吸入的液体全部排出。接下来又是一个循环。如此往复，柱塞泵将液体不断地吸入、排出。

14	GB/T 6170—2015	螺母 M8	2		
13	GB/T 898—1988	螺柱 M8×40	2		
12	GB/T 5781—2016	螺栓 M8×20	7		
11		侧盖	1	HT150	
10		垫片	1	工业用纸	
9		管接头	2	35	
8		挡环	2	65Mn	
7		柱塞	1	45	
6		圆盘	1	HT200	
5		衬套	1	65Mn	
4		填料	11	石棉绳	
3		填料压盖	1	HT200	
2		曲轴	1	45	
1		泵体	1	HT150	
序号	代号	名称	数量	材料	备注
			比例 1:1	材料	
制图			柱塞泵	数量	
设计				质量	
审核				共 张 第 张	

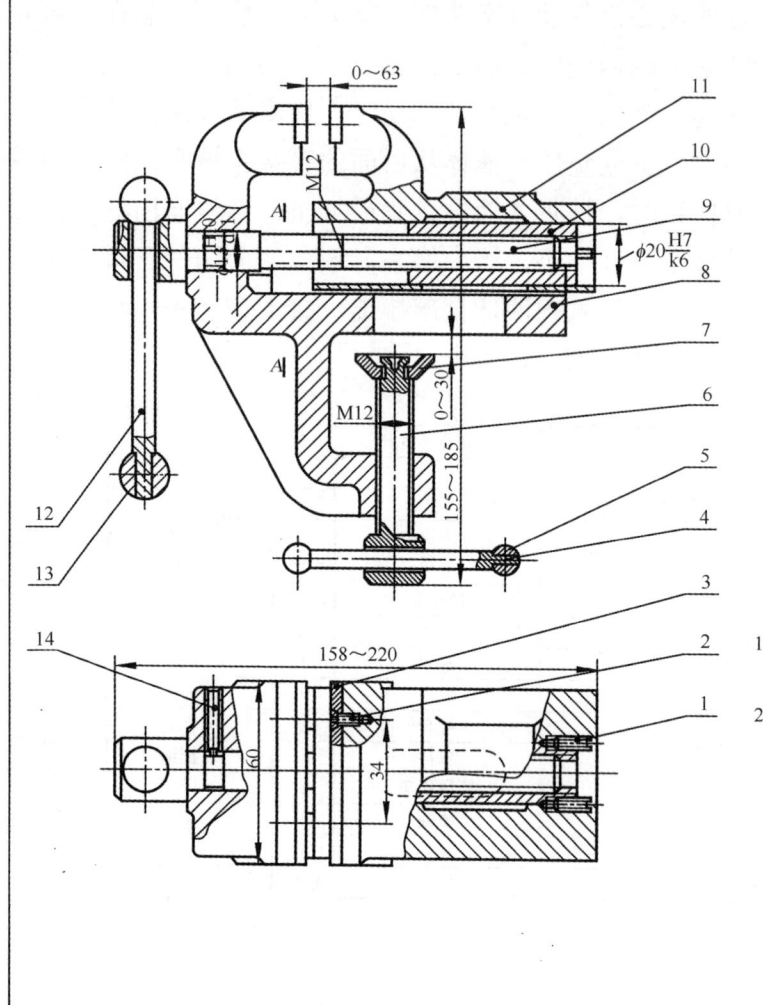

10-3 读台虎钳装配图，并拆画2~3个零件的零件工作图。

工作原理

台虎钳是夹持工件用的。其工作原理是：转动手柄12，丝杠9随之转动（由螺钉14加以限制，它不能左右移动），并使螺母筒10与活动钳身11同时左右移动（二者用螺钉1连接），以达到夹紧、松开工件的目的。

技术要求

1. 件4与件5装配后，将件4头部打铆凿圆。
2. 件6与件7装配后，将件6头部小孔冲大。

14	螺钉M5×22	1		GB/T 75—2018
13	球	2	Q235-A	
12	手柄	1	Q235-A	
11	活动钳身	1	HT200	
10	螺母筒	1	Q235-A	
9	丝杠	1	45	
8	固定钳身	1	HT200	
7	顶碗	1	Q235-A	
6	螺杆	1	Q235-A	
5	球	2	Q235-A	
4	杆	1	Q235-A	
3	钳口板	2	45	
2	沉头螺钉M4×10	4		GB/T 68—2016
1	螺钉M5×12	2		GB/T 73—2017
序号	名称	数量	材料	备注

台虎钳　比例 1:2　共7张　重量　共1张　7-01

制图　设计　审核